教育部　财政部中等职业学校教师素质提高计划成果

给水与排水专业师资培训包开发项目（LBZD013）

给水与排水专业教学法

Jishui Yu Paishui zhuanye jiaoxuefa

教育部　财政部　组编

陈祝林　主编

陈祝林　周美新　执行主编

中国建筑工业出版社

图书在版编目（CIP）数据

给水与排水专业教学法／陈祝林主编 . — 北京：中国
建筑工业出版社，2011.7
ISBN 978-7-112-13469-4

Ⅰ.①给… Ⅱ.①陈… Ⅲ.①给水工程－教学法－
中等专业学校②排水工程－教学法－中等专业学校
Ⅳ.①TU991-42

中国版本图书馆CIP数据核字（2011）第156499号

本教材是中等职业学校重点专业师资培训教材之一，是教育部职成司师资与科研处组织开发的。本教材通过对"给水与排水专业任务引领型课程"的分析，打破了传统的学科体系课程结构，从给水与排水专业的技能基础类课程、室内外管道施工类课程、水处理工艺类课程和设备操作与安全管理类课程等四大教学主题出发，结合各主题所要面对的教学对象、现实的专业教学目标、针对的专业教学内容和应用的教学媒体，选择与之相应的行动导向教学理念如项目教学、案例教学、实验教学、模拟教学等，并使之融入到四大教学主题中。这不仅使接受培训的专业教师能很好地掌握和运用这类教学方法，同时也提高了他们的教学实践技能，从而实现对给水与排水专业教学的有效服务。本书适用于中等职业学校给水与排水专业教师。

责任编辑：陈　桦
责任设计：叶延春
责任校对：陈晶晶　关　健

教育部　财政部中等职业学校教师素质提高计划成果
给水与排水专业师资培训包开发项目（LBZD013）

给水与排水专业教学法

教育部　财政部　组编
陈祝林　主编
陈祝林　周美新　执行主编

*

中国建筑工业出版社出版、发行（北京西郊百万庄）
各地新华书店、建筑书店经销
北京京点设计公司制版
世界知识印刷厂印刷

*

开本：787×1092毫米　1/16　印张：10¼　字数：243千字
2011年12月第一版　2011年12月第一次印刷
定价：**25.00**元
ISBN 978-7-112-13469-4
（21222）

教育部　财政部中等职业学校教师素质提高计划成果
系列丛书

编写委员会

专家指导委员会

教育部 财政部中等职业学校教师素质提高计划成果系列丛书

给水与排水专业师资培训包开发项目（LBZD013）

项目牵头单位 同济大学

项目负责人 陈祝林

出版说明

根据 2005 年全国职业教育工作会议精神和《国务院关于大力发展职业教育的决定》（国发 [2005]35 号），教育部、财政部 2006 年 12 月印发了《关于实施中等职业学校教师素质提高计划的意见》（教职成 [2006]13 号），决定"十一五"期间中央财政投入 5 亿元用于实施中等职业学校师资队伍建设相关项目。其中，安排 4 000 万元，支持 39 个培训工作基础好、相关学科优势明显的全国重点建设职教师资培养培训基地牵头，联合有关高等学校、职业学校、行业企业，共同开发中等职业学校重点专业师资培训方案、课程和教材（以下简称"培训包项目"）。

经过四年多的努力，培训包项目取得了丰富成果。一是开发了中等职业学校 70 个专业的教师培训包，内容包括专业教师的教学能力标准、培训方案、专业核心课程教材、专业教学法教材和培训质量评价指标体系 5 方面成果。二是开发了中等职业学校校长资格培训、提高培训和高级研修 3 个校长培训包，内容包括校长岗位职责和能力标准、培训方案、培训教材、培训质量评价指标体系 4 方面成果。三是取得了 7 项职教师资公共基础研究成果，内容包括中等职业学校德育课教师、职业指导和心理健康教育教师培训方案、培训教材、教师培训项目体系、教师资格制度、教师培训教育类公共课程、职业教育教学法和现代教育技术、教师培训网站建设等课程教材、政策研究、制度设计和信息平台等。上述成果，共整理汇编出 300 多本正式出版物。

培训包项目的实施具有如下特点：一是系统设计框架。项目成果涵盖了从标准、方案到教材、评价的一整套内容，成果之间紧密衔接。同时，针对职教师资队伍建设的基础性问题，设计了专门的公共基础研究课题。二是坚持调研先行。项目承担单位进行了 3 000 多次调研，深度访谈 2 000 多次，发放问卷 200 多万份，调研范围覆盖了 70 多个行业和全国所有省（区、市），收集了大量翔实的一手数据和材料，为提高成果的科学性奠定了坚实基础。三是多方广泛参与。在 39 个项目牵头单位组织下，另有 110 多所国内外高等学校和科研机构、260 多个行业企业、36 个政府管理部门、277 所职业院校参加了开发工作，参与研发人员 2 100 多人，形成了政府、学校、行业、企业和科研机构共同参与的研发模式。四是突出职教特色。项目成果打破学科体系，根据职业学校教学特点，结合产业发展实际，将行动导向、工作过程系统化、任务驱动等理念应用到项目开发中，体现了职教师资培训内容和方式方法的特殊性。五是研究实践并进。几年来，项目承担单位在职业学校进行了 1 000 多次成果试验。阶段性成果形成后，在中等职业学校专业骨干教师国家级培训、省级培训、企业实践等活动中先行试用，不断总结经验、修改完善，提高了项目成果的针对性、应用性。六是严格过程管理。两部成立了专家指导委员会和项目管理办公室，在项目实施过程中先后组织研讨、培训和推进会近 30 次，来自职业教育办学、研究和管理一线的数十位领导、专家和实践工作者对成果进行了严格把关，确保了项目开发的正确方向。

作为"十一五"期间教育部、财政部实施的中等职业学校教师素质提高计划的重要内容，培训包项目的实施及所取得的成果，对于进一步完善职业教育师资培养培训体系，推动职教师资培训工作的科学化、规范化具有基础性和开创性意义。这一系列成果，既是职教师资培养培训机构开展教师培训活动的专门教材，也是职业学校教师在职自学的重要读物，同时也将为各级职业教育管理部门加强和改进职教教师管理和培训工作提供有益借鉴。希望各级教育行政部门、职教师资培训机构和职业学校要充分利用好这些成果。

为了高质量完成项目开发任务，全体项目承担单位和项目开发人员付出了巨大努力，中等职业学校教师素质提高计划专家指导委员会、项目管理办公室及相关方面的专家和同志投入了大量心血，承担出版任务的 11 家出版社开展了富有成效的工作。在此，我们一并表示衷心的感谢！

编写委员会
2011 年 10 月

前　言

　　"十一五"期间，教育部财政部于2007年底实施了"中等职业学校教师素质提高计划"，该计划的一项重要内容就是开发70个重点专业的师资培养培训方案、课程和教材（简称专业项目），这对于促进职教师资培养培训工作的科学化、规范化，完善职教师资培养培训体系有着开创性、基础性意义。给水与排水专业作为重点专业之一，用了两年左右时间先后开发了《给水与排水专业教师教学能力标准和培训方案及培训质量评价指标体系》、给水与排水专业教师核心培训教材——《管道工程》、《水处理工程》、《给水与排水专业教学法》，其中《给水与排水专业教学法》就是给水与排水专业项目中的一个重要组成部分。

　　教育与培训在一个国家或地区的发展中具有非常重要的作用，但传统教学的单调、抽象乃至理论化趋向，使职业培训失去了应有的效果，转变职业教育培训中的教学方法，更显示其重要性和实际意义。基于实际工作的行动导向教学，对提高学习效率和有效处理复杂的专业问题，具有非常大的作用。本教材通过对"给水与排水专业任务引领型课程"的分析，打破了传统的学科体系课程结构，从给水与排水专业的技能基础类课程、室内外管道施工类课程、水处理工艺类课程和设备操作与安全管理类课程四大教学主题出发，结合各主题所要面对的教学对象、实现的专业教学目标、针对的专业教学内容和应用的教学媒体，选择与之相应的行动导向教学理念，如项目教学、案例教学、实验教学、模拟教学等，并使之融入到四大教学主题中。这不仅使接受培训的专业教师能很好地掌握和运用这类教学方法，同时也提高了他们的教学实践技能，从而实现对给水与排水专业教学的有效服务。

　　参加本教材编写的有：同济大学陈祝林（第1章），王建初（第2章），顾剑峰、蒋柱武（第3章），苏州科技学院袁熙（第4章），广州大学市政技术学院邓曼适、周美新（第5章），徐毅茹（第6章），张建辉（第7章）。

　　全书由陈祝林统稿，罗琳琳、顾剑峰负责整理和编排。

上海市西南工程学校高级讲师陈祖根、同济大学副教授颜明忠博士、北京城市建设学校高级讲师常莲任主审，他们对教材的整体结构、内容都作了非常细致而认真的审查，在此表示衷心感谢。陈祝林、周美新任主编，邓曼适、王建初、袁熙任副主编。

　　希望使用本教材的读者提出宝贵意见，以便进一步修订完善。

编　者

2010 年 8 月

目 录
Contents

1 给水与排水专业现状和发展前景 1

1.1 概　述 1

1.2 给水排水行业分析 2

1.3 给水与排水专业中等技能人才的职业分析和能力要求 4

1.4 给水与排水专业现状 8

1.5 给水与排水专业发展前景 10

2 给水与排水专业教学媒体与环境创设 14

2.1 给水与排水专业人才培养目标与教育特征 14

2.2 给水与排水专业课程设置与教学特点 17

2.3 给水与排水专业教学媒体的选择与应用 24

2.4 实践教学资源分析与环境创设 30

3 技能类课程教学主题及其分类 37

3.1 技能类课程教学主题 37

3.2 技能类课程教学主题的分类 39

3.3 技能基础类教学主题及其分析 40

3.4 室内外管道施工类教学主题及其分析 42

3.5 水处理工艺类课程教学主题及其分析 47

3.6 设备操作及安全管理类课程教学主题及其分析 49

4 技能基础类课程教学主题的教学法及其应用 52

4.1 技能基础类课程教学特点和教学目标 52
4.2 技能基础类课程教学主题及其分析 54
4.3 技能基础类课程教学主题的教学法分析 59
4.4 技能基础类课程教学主题的教学法案例 66

5 室内外管道施工类课程教学主题教学法及其应用 75

5.1 室内外管道施工类课程教学特点和教学目标 75
5.2 室内外管道安装类课程教学主题的教学法分析 77
5.3 室内外管道安装类教学主题的教学法案例 82

6 水处理工艺类课程教学主题的教学法及其应用 94

6.1 水处理工艺类课程教学特点和教学目标 94
6.2 水处理工艺类课程教学主题的教学法分析 95
6.3 水处理工艺类课程教学主题的教学法案例 100

7 设备操作与安全管理类课程教学主题的教学法及其应用 114

7.1 设备操作与安全管理类课程教学特点和教学目标 114
7.2 设备操作与安全管理类教学主题的教学法案例 116

参考文献 153

1 给水与排水专业现状和发展前景

1.1 概 述

自从 1883 年上海市建立第一家自来水厂以来，我国的城市给水排水事业已经有了近 130 年的历史。新中国成立之前，由于社会经济发展缓慢，社会对水的需求量较小，对水质要求也较简单，我国仅在土木水利学科中设有称之为上水道、下水道的课程。到了 20 世纪 50 年代初，随着我国工业发展与经济建设的需要，对水的需求量迅速增加，城市给水排水设施有了较快发展，在公用事业中形成了较为独立的给水排水系统工程。与之对应，借鉴苏联模式，在教育体系中产生了隶属于土木工程学科的给水排水工程专业，我国的同济大学等 8 所高校都相继设置了给水与排水专业。随着建设行业发展的需要，从 20 世纪 50 年代后期开始，在建设类中等职业学校中也开始设置给水与排水专业。

20 世纪 50 年代至 70 年代，在计划经济体制下，实行"先生产，后生活"的发展方针，给水排水被归入生活类，所以长期发展缓慢，大大滞后于国民经济的发展。20 世纪 80 年代，随着改革开放政策的实施，经济建设迅速发展，人民生活水平不断提高，在需水量不断提高的同时，对水质的要求亦日益提高。给水排水工程的重心由传统的水输送扩展到水处理。为了科学地控制水处理过程中的水质参数，适应给水排水工程以水质为主题的转变，现代的水处理过程已由传统的土木型转变为高新技术设备型和设备集成型，相关高新技术发展迅速，给水排水系统工程的中、高等教育也随之得到了迅速发展。

随着水资源短缺和水危机的加重，国家对给水排水系统工程的投入日益加大，相应地，对给水排水系统工程的中、高等教育提出了更高的要求，提高人才培养质量成为重中之重，而给水排水中等技能人才的培养与给水排水行业的需求有着密切的关系。

1.2 给水排水行业分析

1.2.1 给水排水行业现状

我国的给水排水行业主要集中在供水、自来水、水处理等三大行业。受 2008 年世界经济危机的影响，我国的很多行业都受到了不同程度的冲击。一系列数据和资料表明，我国的给水排水行业也受到了一定影响。因而，清楚了解给水排水行业现状，对行业内企业的经营规划和发展有决定性意义。对中等职业学校来说，如何培养出能适应行业发展所需要的中级技术人才也有非常重要的意义，它将直接影响学生毕业后的就业。以下就供水、自来水及水处理三大行业的现状作一简单介绍。

我国的供水行业通过"十一五"期间对水源地的有力保护，水资源的合理调整，使我国原水水质有了大幅度提高，据 2008 年的资料统计，全国近 700 个设市城市其供水能力达到了 2.5 亿 m^3/d，是 1949 年的 93 倍，全国城市人均用水量从 1952 年每人每天的 38L 发展到 2008 年的 230L，同时也保障了城市供水安全。

但是，在市场经济形势下，我国供水行业的公用属性受到了一定影响，个别地方供水安全失控，水价上涨，供水成本和价格倒挂，加重了供水企业的亏损，缺乏对供水行业准入、退出、成本服务及产品质量监管的法规和技术手段，给我国的供水行业带来了负面影响。

我国的自来水行业作为公用事业，是与人们生产和生活密切相关的基础性产业，它与一般竞争性行业相比具有不可替代性，还有消费上的兼备性、地域性、公益性、规模性等基本特征。目前全国城市用水人口发展到 2 亿多人，自来水普及率达到 98%，但是我国的自来水行业一直被称做经济体制改革尚未触及的最后一个自然垄断领域，是市场经济的"边疆"。我国 2001 年加入 WTO 之后，出台了推动自来水等公用事业行业市场化、民营化政策，开始了自来水行业资本结构多元化进程。

我国经济的快速发展和人口的不断增长，造成了日益严峻的用水短缺。据预测，2030 年前后，我国人口增至 16 亿时将出现用水高峰，人均水资源量将由 2200m^3 降至 1760m^3，人均水资源将临近国际用水紧张的标准。2030 年前后我国用水总量将达到 7000 亿～8000 亿 m^3，但我国实际可利用的水资源量约为 8000 亿～9500 亿 m^3，需水量接近可用水量的极限。据资料显示，我国有近 400 个城市常年供水不足，水利用率不高，污水处理效率低下，北京、天津、大连等大中城市已受到水资源严重短缺的威胁。与此同时，用水效率不高、用水严重浪费、水体污染等情况，加剧了我国水资源的匮乏。特别是我国的污水处理产业起步较晚，直至 20 世纪 90 年代后，才得到快速发展。

进入 21 世纪，我国的各种污水处理产业开始高速成长，如我国的太钢、宝钢等国有或合资企业，通过引进和技术改造，先后建成了一系列工业污水处理厂，污水处理工艺技术装备逐步接近达到国际先进水平，污水处理厂的数量初具规模，污水处理总量超过美国，成为世界第一污水处理水量大国。从总体上看，我国污水处理正在经历由规模小、水平低、品种单一、严重不能满足需求到具有相当规模和水平、品种质量显著提高和初步满足国民经济发展要求的深刻变化，污水处理将逐步满足社会发展要求。但是，面对我国城市人口的增加和工农业生产高速发展的实际情况，污水排放量也在不断增加，水体污染仍相当严重。全国 300 多个建有污水处理厂的城市，实际污水处理率只有约 70%。全国 90% 以上的城市水域受到不同程度的污染，其中 40% 的城市污染程度较重。全国湖泊约有 75% 以上的水域和 53% 的近岸海域受到显著污染。我国近 50% 的重点城镇的集中给水的水源不符合取水标准。因此，建立我国水务良性运行机制、加大污水处理设施建设的投资力度、进一步提高污水处理能力是摆在我国水处理行业面前的一系列重要任务。

1.2.2　给水排水行业分析

开展行业分析，涉及的内容非常多，不仅要对行业的市场供应、行业竞争进行分析，还要对行业的投资和风险进行分析。本章仅就给水排水行业 2008 年来的情况作一初步分析，以便让读者能对给水排水行业的发展有一定了解。

据"中国供排水行业分析报告"资料表明，给水排水行业 2008 年的市场经营情况总体比较良好，其中全行业的利润，2008 年前 8 个月的利润仅 3.5 亿元，而到了 2008 年年底，提高到了 8 亿元，但与 2007 年同期相比，则减少近 15 亿元。2008 年给水排水行业销售收入达到近 700 亿元，同比增长 8.5%，但增速比 2007 年同期下降 4 个百分点，而且销售成本增长速度高于销售收入，销售费用和财务费用增速与 2007 年同期相比，均有所上升。这里很明显看出，尽管 2008 年供排水行业销售费用和财务费用有提高，但其利润比 2007 年有较快提高。

截至 2008 年年底，给水排水行业仍有不同程度的亏损，其亏损面达 42%，较 2007 年同期上升 2 个百分点，亏损额为 43 亿元，其中自来水行业亏损面约为 43%，较 2007 年同期上升近 3 个百分点，亏损额约为 40 亿元；水处理行业亏损面约为 30%，较 2007 年同期下降 0.5 个百分点，亏损额为 3.5 亿元。总体看来，给水排水行业整体与 2007 年同期相比较，形势不容乐观。

从投资情况来看，2008 年供排水行业的投资规模达到 1000 多亿元，同比增长速度达到 23%，比 2007 年同期增速下降 2 个百分点。中央财政近两年将投资 900 多亿元用于污水处理行业，加上银行贷款与地方政府财政，预计将有 2800 ～ 3000 亿元用于污水处理行业。可以说，污水处理行业的发展机遇良好。

从产业结构来看，不同企业规模、不同区域结构、不同所有制形式的企业销售收入等均有明显不同。据"中国供排水行业分析报告"介绍，从企业规模上看，如在 600 人以上的中型自来水行业，其企业规模越大，销售收入的增长越缓慢，而小型供水企业的销售收入增长最快。从区域结构看，中国广东省的自来水行业销售收入是全国最高的省份，而且行业利润也居全国之首。从产业所有制结构看，国有企业仍然是自来水行业的绝对主体，至 2008 年年底销售收入达到 380 亿元，占全行业的 60%，但比 2007 年同期下降 1.5 个百分点。从利润情况看，国有企业和股份合作制企业基本都有不同程度的亏损，其他所有制结构的企业均有所盈利，这反映了国有企业在经营等方面还需要进一步改善，给排水企业经营管理方面的人才培养十分重要。

1.3　给水与排水专业中等技能人才的职业分析和能力要求

1.3.1　给水排水职业岗位现状

给水与排水专业中等技能人才的培养，离不开给水排水行业对职业及其岗位能力的要求，在了解了给水排水行业的现状之后，我们必须对其职业及其岗位能力的要求有一个全面而清楚地了解。下面就给水与排水专业中等技能人才的职业及其岗位能力的要求进行一些分析。

在对给水与排水专业毕业生调查中发现，学生毕业后大量成为管理干部、工程技术人员、施工现场管理人员、一线操作技术工人，当然也有部分毕业生为内业文秘或其他人员等，所占比例如图 1-1 所示。

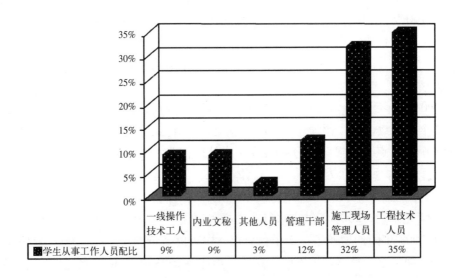

图 1-1　给水与排水专业学生从事工作调查统计

在岗位群调查中发现，中等职业学校给水与排水专业学生适应的岗位群主要为施工员、资料员、测量工、材料员、质检员、造价员、安全员，也就是通常所说的七大员，所占比例为 87.5%，同时还有试验工、绘图员、监理员、养护工岗位，以及市政一线的钢筋工（翻样）、送样工等，所占比例如图 1-2 所示。

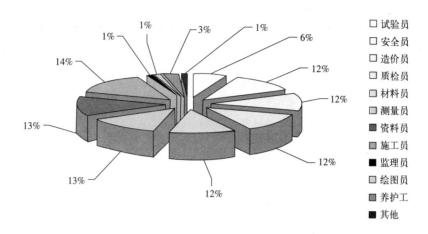

图 1-2 毕业生就业岗位统计

在目前给水排水行业普通工种中大量使用民工的情况下，给水与排水专业中等职业学校学生毕业后基本从事给水排水行业第一线的施工技术和施工现场管理的工作，而且随着国家对企业施工资质要求的进一步提高以及就业准入制度的逐步实施，客观上也需要有一定数量的中职毕业生逐步成为技能型人才。

1.3.2 给水与排水专业职业能力要求

由于各职业岗位群所从事的岗位工作不同，其对应的岗位技能也有了很大不同。

通过调查，不同岗位的人员应具备的职业岗位技能具体要求如表 1-1 所示。由表 1-1 可见，在给水排水工程施工的技术管理以及有关技术工种的岗位技能中，有的技能是应具备的通用能力，如能识读工程施工图，因为工程施工图是工程技术人员相互交流的工具，只有正确识读工程施工图，才能正确地指导施工和进行工程建设。而有的技能是不同岗位所特有的，每个岗位在给水排水工程建设中承担着不同的工作职责，大家相互配合、相互协助共同完成一个工程项目的建设任务。作为一个应用型技能人才，尚应具备其他一些职业能力，如表达能力、创新能力等，它是在职业活动中表现出来各种能力的综合。

各工作岗位群职业技能调查表　　　　　　　　表 1-1

序号	工作岗位	岗位技能
1	施工员	1.能识读工程施工图 2.能编制施工组织设计 3.能运用施工操作规程指导施工 4.能进行质量安全进度控制 5.能运用质量验收标准进行验收 6.会应用材料指标和性能进行成本控制 7.会进行材料检测 8.会进行CAD绘图

续表

序号	工作岗位	岗位技能
2	测量工	1.能识读工程施工图 2.能用相关规范和操作规程进行测量放样 3.能进行内业计算
3	材料员	1.能计算工程材料用量 2.能按照工程进度编制材料供应计划 3.会运用质量管理标准进行材料管理 4.会应用材料指标和性能进行成本控制
4	质检员	1.能识读工程施工图 2.会运用技术规程、施工规范和质量验收标准进行质量检查和验收工作 3.能分析和处理工程质量问题
5	安全员	1.会检查设备的安全性能 2.能用相关的安全操作规程进行安全管理
6	绘图员	1.能识读工程施工图 2.会进行CAD绘图
7	管道工	1.会施工组织和编制施工方案 2.运用操作规程进行施工

调查中发现，给水排水工程施工专业学生还应有其他一些综合职业能力，包括分析解决问题能力、团队协作能力、组织管理能力、表达能力、社交能力、创新能力等，其比例见图 1-3。

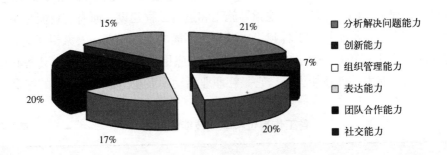

图 1-3　给水与排水专业学生综合职业能力调查统计

由图 1-3 可见，职业能力包括很多方面，它可以在长期的职业实践中逐渐形成，通过自身努力可以不断地提高。而在职业学校中应通过教授学生学习基础专业知识、增强职业意识、加强专业技能训练等方法和途径来培养和提高学生的职业能力。

很多被调查者指出，目前中等职业学校学生的实习机会少、所学的理论知识与实际工作联系较少，校企联系少，造成学生实践动手能力差、怕吃苦、职业能力不强，无法做到学生毕业后就能马上顶岗工作，不能满足用人单位对人才的要求等。同时职业教育的课程设置应充分考虑学生毕业后的岗位需要，加强教学与就业需求之间的沟通，在实际环境中锻炼学生的综合职业能力，培养合格的高素质技能人才。

中等职业学校给水与排水专业人才培养目标是面向给水排水行业，培养在生产第一线能从事给水排水工程施工管理、泵站操作、水质检验等初级施工管理及具备测量、试验、绘图等施工技术，具有职业生涯发展基础的中等应用型技能人才。这些人员除具有必要的理论知识和专业技能外，还需具备分析和解决问题的能力、团队协作能力、组织管理能力、表达能力、社交能力、创新能力等一些综合职业能力。中等职业学校在培养方案中应能体现出给水排水工程施工专业学生各种职业能力的教育和锻炼，全面提高学生综合素质，满足供排水和市政行业的需求。

1.3.3 职业岗位与能力要求案例分析

现以废水处理工职业岗位为例。

废水处理工职业属中国劳动部职业分类 GBM9，该职业的工作性质是面对水处理行业生产一线的操作管理人员；工作内容和任务主要是以环境保护理论为基础，运用废水处理工艺，对城市污水和工业废水进行净化和中水回用；工作环境主要在大中型城市污水处理厂、工业废水处理部门以及宾馆、商厦、居民小区废水处理站等单位。

依据职业能力的不同要求，废水处理工的职业等级由低到高分为三级。

1. 五级废水处理工的职业能力：水质取样及基本指标分析、机泵等单体设备的操作、处理装置的简单保养、废水处理设备及装置的常规操作；

2. 四级废水处理工的职业能力：熟练掌握废水处理工艺单元操作技术、进行废水处理装置与设备维护保养、故障应急处理、废水样品常规分析、废水处理系统的运行管理；

3. 三级废水处理工的职业能力：能分析和独立解决废水处理系统出现的工艺技术问题、能进行系统运行管理。

从废水处理工的职业能力要求中我们可看出，该职业应具备较扎实的废水处理方面的基本知识、熟练的设备及装置的操作技能、处理各种现场问题的应变能力。当然，文字表达方面的能力、良好的职业心理素质和与人沟通的能力也是非常重要的。

目前，我国在一些行业中正逐步施行就业准入制，它是根据《劳动法》和《职业教育法》的有关规定，对从事技术复杂、通用性广、涉及国家财产、人民生命安全和消费者利益的职业（工种）的劳动者，必须经过培训，并取得职业资格证书后，方可就业上岗的制度。给水排水工程施工行业中管道工、测量工、制图员、试验工、给水处理工、污水处理操作工等已被列为就业准入制工种，而施工员、质量员等岗位，给水排水与市政行业协会也逐步施行持证上岗。因此，中等职业学校在培养过程中可以参考职业技能鉴定的标准来强化学生的技能训练，使学生在完成学历教育的同时获得岗位技能，为其今后就业创造良好的条件。

职业技能鉴定是一项基于职业技能水平要求而进行的标准参照的考核活动。在我国，职业技能鉴定是根据国家法律、法规，按照国家职业标准，由政府劳动保障行政部门批准考核鉴定机构负责对劳动者实施职业技能考核鉴定。职业技能鉴定分为知识要求考试和操作技能考核两部分。知识要求考试一般采用笔试，技能要求考核一般采用现场操作加工典型工件、生产作业项目、模拟操作等方式进行。职业技能鉴定的主要内容包括：职业技能、相关知识和职业道德三个方面。这些内容是依据国家职业标准、职业技能鉴定规范（考试大纲）和相应教材来确定的，并通过统一命题来进行鉴定考核。为提高中等职业学校给水与排水专业的学生职业能力，学生接受 1～2 个职业技能考核鉴定，对技能水平的提高是非常有效的。

1.4　给水与排水专业现状

经过几十年的专业建设和发展，全国设有建设类专业的中等职业学校已达 1100 余所，独立设置的建设类中等职业学校也近 300 余所（含普通中专、成人中专、职高、技校）。随着教育改革的不断深化，教育结构的不断调整，相继有不少建设类中等职业学校在办学规模、层次、结构上也发生了较大变化，至 2008 年设有给水与排水专业的中等职业学校有三十余所，这些学校为培养我国中级给水与排水专业技术人才发挥着巨大的作用。它已逐渐成为我国建筑技术教育的重要基地。但是，纵观给水与排水专业建设现状，无论是课程设置、教材建设，还是实训条件、师资队伍等都存在着许多亟待解决的问题。

1.4.1　课程设置

中等职业教育给水与排水专业教学的课程设置基本上仍采用文化基础课、专业基础课和专业主干课三段式的课程体系，这种结构基本上还与高等教育相类似。在专业教学中基本上沿袭传统的教学方法，强调的是学生的知识结构和基础知识体系。在课程的联系上，偏重各课程自身的理论体系的完整而忽视相关课程彼此之间的整合和渗透。专业课程教育与就业及工作关联少，学生在课程学习过程中无法与将来的工作岗位建立联系，与行业需求脱节。虽然各个学校已加强了实验、实训的课程要求，但是由于没有设置专门化，造成课程数较多，学生课堂教学时间比重较大，实践动手训练时间较少，实训等技能课程约占总课程的 30%，这与当前企业所期望的"零距离"上岗尚有距离。

1.4.2　专业教材

中等职业学校给水与排水专业教材基本上还是采用全国的统编教材，统编教材考虑全国范围的适应性，如所有教材采用的规范都是全国统一规范，而在给水排水与市政工程建设中很多场合采用省、市地方标准，可见专业教学所用教材不具有地方特色，从而与建筑科技的进步性、地区差异性和地区的适用性都不够适应，因此统编教材不能完全满足技术先进的给水排水与市政专业建设人才培养的需求。从出版时间上看，由于统编等多方面原因其滞后性突出，教材更新较慢，很多版本陈旧，使专业培养无法满足不断变化的工程技术发展的要求，如《公路桥涵设计通用规范》于 2005 年施行新规范，但是按照新规范编写中职教材，还刚刚从 2009 年开始。确有不少中职教材仍然是按老规范在编写。当然，已有部分课程编写了校本教材，但也基本是按学科体系的思路，适当增加了新技术等方面的内容，而且其数量也是少之又少。

1.4.3 实训条件

给水与排水专业的水质检验、污水化验、泵站操作、绘图等技能性的实训条件已相当成熟，资源充足，为专业的技能训练创造了良好的条件。但是，由于给水排水工程建设的非开挖养护、顶管和管道连接工程具有占地广、项目规模大、投资大、一次性和周期长（相对于教学周期而言）的特点，针对给水与排水专业相关的实训条件，如顶管施工、水处理和管道连接施工等，由于设备投资大、不能反复使用、占地大、对环境影响大等原因，实训条件很不充分，无法满足实践教学的需要，只能依靠参观、观看录像等手段，学生在学习过程中动手实操的机会几乎没有。学校虽然不断努力，希望与行业企业建立良好校企合作关系，使学生能在企业中获得较多的实践机会，但是由于缺乏有效的机制，学生到企业去实习的机会很少，不适应技能教学和实习需要。

1.4.4 师资队伍建设

通过上海、武汉、南京、北京、徐州等地的中等职业学校给水与排水专业（含市政工程专业）师资情况的调研后发现，技能型教师比例偏低。以上海某建设类中等职业学校给水排水与市政工程专业师资为例，该校给水与排水专业教师（含市政工程专业）共 26 人，双师型教师有 20 人，双师型教师占专业教师总人数的 77%，表面看，教师的实践能力是不成问题的。但其实大部分双师型教师只是持有双师证书，并未有过真正的实践经验，且部分确实有着实践经验的教师，由于长期从事教学工作，不再有接触实践的机会，对行业发展也逐渐疏远。那些从大学校门走进职校校门的教师，虽然他们有着高深的理论知识，但是缺乏从事第一线技能型劳动者的培养和教育，没有经过实践的锤炼，终究是心有余而力不足。学校缺乏长效工作机制鼓励教师到企业实习，无法将先进的专业知识和技能传授给学生，制约了教学质量和效果的提升。

1.4.5 毕业生就业状况

根据对全国建设类中等职业学校给水排水与市政专业历年的毕业生就业情况的调研分析（2004 ~ 2007 年），中等职业学校给水排水与市政工程专业学生的就业状况，这几年

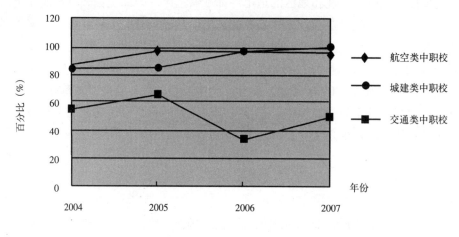

图 1-4 专业学生就业情况

却连续出现了供不应求的良好现象，除个别西部地区的学校就业率低一些外，其他学校都很高，有的学校达 98% 左右，其就业状况如图 1-4 所示。

1.5 给水与排水专业发展前景

改革开放以来，我国建设事业迅猛发展。至 2003 年，全国建筑业总产值在国民经济各产业部门中居第 4 位，建筑业（包括市政行业）已成为国民经济中举足轻重的支柱产业。基础产业和基础设施是一个社会赖以生存和发展的基本条件，是国家综合实力和现代化程度的重要标志之一，其中城市基础设施是反映城市综合竞争力的一个重要子系统，作为城市基础设施的重要组成部分的给水排水与市政工程行业，其整体素质的提升，将对城市竞争力的提升起到重要的作用。

近几年，我国的市政工程建设得到了飞速的发展，1995 ~ 2005 年，城市人均拥有道路面积增加了 50%（图 1-5），城市污水处理率更是提高到 174%（图 1-6），而且城市桥梁的建设硕果累累，世界第一拱的上海卢浦大桥、世界跨度第三的润杨大桥，同时，一大批高技术、大跨度、美观的桥梁也相继建成，成为了城市的标志和象征。

作为经济较发达的城市——上海，市政基础设施的投入也不断增大。近几年，上海建成了一大批枢纽骨干型工程，成为上海"一年一个样，三年大变样"的标志性工程之一，如卢浦大桥、东海大桥、内环线、外环线等，高速公路网基本建成，通车里程达到 560km，使上海的城市基础设施建设上了一个新台阶，上海的市政设施建设的各项指标不断提升（表 1-2）。统计资料显示，过去 20 年，市政设施建设投资逐年增长，2005 年投资金额达 276.28 亿元，比上年增长 49.5%（图 1-7），占城市基础设施投资额的 31%。可见，市政工程在经济建设中占有举足轻重的作用。

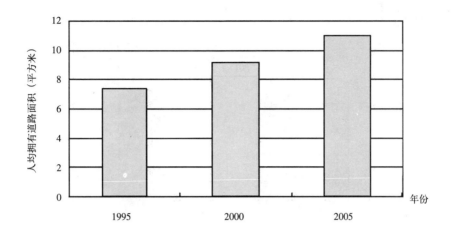

图 1-5　1995～2005 年全国人均拥有道路面积比较

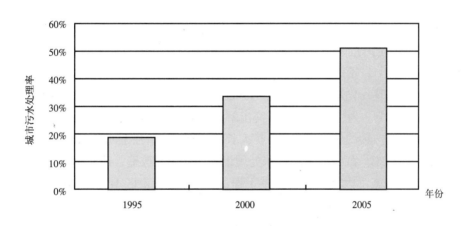

图 1-6　1995～2005 年全国城市污水处理率比较

上海市政设施建设的主要指标　　　　　　　　　　表 1-2

指标	2000年	2003年	2004年	2005年
道路长度(km)	6641	10451	11825	12227
道路面积(万m²)	8147	16510	20558	20942
城市桥梁(座)	4432	7483	7622	8070
城市排水管道长度(km)	3920	5882	6469	7933

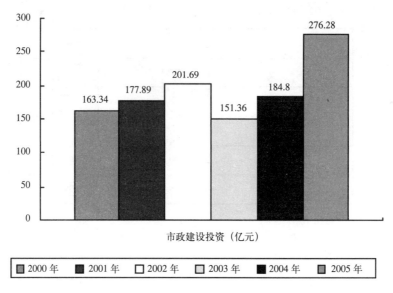

图 1-7 2000～2005 年上海市政设施建设投资比较

　　"十一五"期间,上海进入了快速发展的时期,一是围绕实现上海基本建成"四个中心",提高城市国际竞争力;二是围绕举办世博会,实践了"城市,让生活更美好"的主题;三是围绕建设社会主义现代化新郊区。围绕这些建设目标,给水排水行业也得到了持续发展。根据上海水务建设规划,为保障水安全,突出解决了上海排、蓄能力严重不足的薄弱环节;通过上海水源地和市郊集约化供水建设,扩大长江水利用,增强上海供水安全和服务保障,全面推进污水收集系统、截污纳管和污水处理设施的建设和改造,改善上海全市河湖水系水质。为此,上海实施了太湖流域拦路港工程;完成黄浦江市区 16km 防汛墙除险加固工程;拆除沿江 14 座病险水闸;为使中心城区基本达到 15～20 年一遇的除涝标准,要完成 12 座除涝泵闸工程;建设 20 个雨水排水系统的主体工程;改造 7 个低标排水系统达标;通过"开源、增能、集约、节水"等综合措施,进一步扩大长江水资源开发利用,优化水资源配置,加强对水源地及原水系统的建设与保护,尤其要加强中心城供水系统建设,以及郊区集约化供水。使全市的供水总能力达到 1260 万 m^3/ 日左右。开展污水收集系统完善、污水处理设施扩容升级、雨污混接改造和河道整治、引清调度等建设与管理,新增污水处理设施规模 210 万 m^3/ 日左右,污水处理率达到 80%,使污水处理设施的总规模达到 500万 m^3/ 日左右,形成较为完善的污水收集与处理系统。

　　住房与城乡建设部的统计资料显示,建筑业从业人员中约 78% 分布在建筑施工、给水排水工程施工(含市政工程)企业。毋庸置疑,随着我国经济建设和城市化水平的提高,给水排水工程的建设投资不断增加,整个行业发展趋势良好,与此同时,行业技术水平不断提高,成为城市发展必不可少的支柱产业之一。

　　至 2007 年底,中国的建筑业从业人员总约计 4000 万人,其中建筑施工和给水排水(含市政)工程企业的从业人员约占整个建筑业的 80%,约有 3000 万人;在这 3000 万从业人员中,专业技术和经济管理人员约 300 万人,只占整个建筑施工和给排水(含市政)工程从业人员的10%，大量的是生产一线操作人员，约2700万人，占90%。从学历上看，在300万的专业技术和经济管理人员中，中专学历的人员约占45%。可见，中专及中专以下学历人员仍然是建筑施工企业和给水排水（含市政）施工企业技术与管理队伍的主体。从2008年住建部统计的全国建设职业技能培训与鉴定情况中发现，2008年全国培训了91.67万人的初级工和中级工，并有87万人获得鉴定证书；而根据我国2009年建设职业技能培训与鉴定任务分配表看出，对初级和中级工的培训任务仍达到90万人，如按78%计算建筑施工和给水排水（含市政）企业从业人员也将有70万人，但就目前全国30余所建设类中等职业学校给水与排水专业每年能培养的中等职业毕业生，大约只有1000～1500人，这一数量与整个建设业发展的需要有很大的缺口。

现在我国建筑人才不仅总量短缺，且分布极不均衡，西部有的地方整个省具有注册执业资格的人才几十个，至使建设执业资格制度在有的地区根本无法实行。目前我国建筑业专业技术人员是154.6万，低于全国9%的平均水平，根据测算实际需要专业技术人员至少是400万，缺口很大。在技术工人中，技师不足1%，高级技师不到0.3%，高技能人才奇缺。这种状况影响了建筑业的健康发展，影响施工质量和安全生产。为使我国建筑人才的质和量跟上市场的需求，建设教育工作者们任重而道远。

住建部在"需求分析及实施建设职业资格制度的情况报告"中指出，建筑技术人才短缺突出表现在建筑施工（含市政工程施工）、建筑装饰、建筑设备和建筑智能化4个专业领域。建筑业的发展，为缓解我国就业压力，特别是解决农村富余劳动力的转移和增加农民收入，做出了巨大贡献。但由于民工的大量进入及建设类人才培养培训工作相对滞后，建设行业人才素质普遍偏低。此外，建设事业的改革与发展，急需大批建筑类专业技术人才。实现建筑行业由劳动密集型逐步向技术密集型转变，加快职业学校建设类专业技能型紧缺人才培养培训工作是非常必要的。从给水与排水专业毕业生就业情况看，其就业岗位涉及企业的各个层面，中职毕业学生进入工作岗位后随着工作经验的积累，有部分具有较好理论知识的中职毕业生经过进一步深造后也有较大机会进入企业的管理层，但是大多数毕业学生就业后成为工程技术人员和施工现场管理人员，占67%，这是给水与排水专业学生的主要去向。

当前，我国建筑业全面融入全球一体化的步伐正在加快，其对我国的建筑人才市场的影响也将逐步显现。随着我国经济的持续发展，社会对给水排水与市政工程专业的人才需求一直处于一种上升的趋势，即使是在中等职业学校招生人数激增，面临就业困难的今天，给水排水与市政工程专业的就业形势相对很多其他专业来说依然比较好。给水排水与市政工程专业的发展前景看好。

2 给水与排水专业教学媒体与环境创设

2.1 给水与排水专业人才培养目标与教育特征

2.1.1 给水与排水专业人才培养目标

中等职业学校要有效地开展专业教学，除了考虑到学生的特点外，教学媒体的充分应用和教学环境的精心创设也尤为重要。但是要做到合理地选好用好教学媒体，并为此创设出一个良好的教学环境，其首要的一点是要对中等职业学校的培养目标要有充分的认识和全面的理解。不同的培养目标会采用不同教学媒体，创设不同的教学环境。为此，我们先对中等职业学校给水与排水专业的培养目标作一分析。

"培养目标"一般是对学校而言的。它明确规定各级、各类学校培养什么样的人及其规格和质量要求；它也反映了社会对人才的需要，适应国家经济建设、科技进步和产业结构调整的需要，满足各地、各行业对德智体美等全面发展，具有全面素质和综合职业能力，在生产、服务、技术和管理第一线工作的高素质劳动者和中初级专门人才的需要，以及学生自身发展的需要。

中等职业学校属于高中阶段的职业技术教育，以招收初中毕业生为主，学制一般为3年。根据 2009 年 1 月 6 日教育部颁布的文件《教育部关于制定中等职业学校教学计划的原则意见》（教职成 [2009]2 号），中等职业学校总的培养目标是培养与我国社会主义现代化建设要求相适应，德、智、体、美全面发展，具有综合职业能力，在生产、服务一线工作的高素质劳动者和技能型人才。他们应当热爱社会主义祖国，能够将实现自身价值与服务祖国人民结合起来；具有基本的科学文化素养、继续学习的能力和创新精神；具有良好的职业道德，掌握必要的文化基础知识、专业知识和比较熟练的职业技能，具有较强的就业能力和一定的创业能力；具有健康的身体和心理；具有基本的欣赏美和创造美的能力。

而对给水与排水专业来说还应有一个专业内容更为明确的培养目标。

目前,我国中职学校给水与排水专业所设定的人才培养目标主要是培养城市给水排水工程、水质净化、建筑给水排水工程施工、自来水制水工艺、污水处理工艺及设备管理、分析化验、管道输配等方面的中等技术人才,具有必备的基本素质和文化基础知识,掌握专业基础理论和应用技能,能适应社会发展变化和岗位需要的操作型劳动者。成为从事城市道路、桥梁、隧道、给水排水工程管线等市政工程施工、养护和技术管理工作的中等技术人才,能担任水处理厂的净水工艺、污水处理工艺、化验、质量监察等部门及水输配工程方面的技术及管理工作。适合自来水生产、污水处理、市政、建筑、消防等单位及相关行业,能从事制水、污水处理、水质检测、建筑管道安装、市政管道施工和项目管理等岗位工作。能从事给水排水工程施工、建筑管道设备安装、水处理工艺运行和项目管理等工作。这一目标与高职、本科的给水与排水专业相比有根本上的差异,这些差异主要表现如下几方面。

职业技术教育培养的是技术、技能型人才。在职业教育体系中,中等职业技术教育通常分为三类学校:技工学校、中等专业学校和职业高中。但目前三者越来越趋同,培养的人才层次差异已不明显,学校名称逐渐统称为职业技术学校。这类学校所培养的是生产、管理、服务、建设一线的中、初级应用型人才。主要面向给水排水工程施工及水处理相关的企事业单位,培养具有职业生涯发展基础的,能在生产第一线从事给水排水处理、泵站操作及给水排水工程施工等初、中级应用型技能人才。

高职院校所培养的人才类似于20世纪后期的中专学校所培养的人才类型,属于中间人才,也称"技术员类人才"。作为工程师的助手,在生产第一线进行组织、管理工作和对复杂的或自动化设备的维修。其理论水平要求比工程师低,但实际知识和技能要求多一些;操作技能要求比技术工人低,但理论知识要求多一些。其工作性质、范围、智能结构都介于工程师和技术工人之间,是两者联系的纽带,主要工作是使工程师和技术工人双方的工作变得更为有效。其给水与排水专业所制定的培养目标主要能掌握给水与排水专业岗位所必需的基础理论、基本知识和应用技能,有较强实践能力和处理问题能力,具有给水与排水专业施工、设计、技术管理方面的专业实用技能,获得工程师初步训练的给水与排水专业技术岗位型人才。在培养规格方面,学生应具有给水与排水专业施工、设计、技术管理方面的基础与专业知识和试验、实验、检测、测量、运算、制图等专业实用技能;有较强的外语听和阅读能力及应用计算机软、硬件能力,能胜任给水与排水专业岗位的工作。毕业生实行多证制,学生须获得毕业文凭和英语三级,计算机二级证书,同时取得施工员、预算员若干资格证书。毕业生可从事城建、市政、房地产、环保等领域的给水排水工程规划、设计、施工和运营管理及从事教育和研究开发方面的工作。

本科给水排水或给排水科学与工程专业,它突出了理论性特点。其培养目标主要是掌握给水排水工程学科的基本理论和基本知识,学生毕业后能够在教育、研究、设计、施工、运营、管理等部门从事技术或管理工作,获得工程师基本训练并具有创新精神的高级工程技术人才。培养基础扎实、专业面宽、素质高、能力强、获得工程师基本训练,具有较强适应能力和创新意识,能在水资源可持续利用、水处理、城镇供水、废水收集、污水处理与再生回用领域中从事工业和建筑给水排水工程的规划、设计、咨询、施工、管理、运营、教育及科学研究与开发工作的高级专门人才。在培养要求方面，学生主要学习给排水工程学科的基础理论和基本技能，接受外语与计算机应用等方面的基础训练，具备从事给排水科学与工程专业的规划、设计、施工、管理与科学研究等方面的基本能力。毕业生可在各类规划设计部门、城市公用事业部门、城市市政建设与管理部门、环保部门、物业管理部门、大中型工业企业、房地产公司、科研部门及学校等企事业单位从事给排水科学与工程的规划、设计、运行、管理、施工、科学研究和教学等工作。

2.1.2　给水与排水专业的教育特征

从上节三类学校的人才培养目标中可看出，尽管各级各类学校都设置给水与排水专业，但是，三类学校所培养的人才属于三种不同层次。中职职业学校所培养的人才主要是在生产、建设一线的给水排水中初级实用人才，重点加强实践训练与培养，理论学习为实践能力培养服务，而高职给水与排水专业所培养的人才是生产建设领域中间型技术员应用人才，既强调理论又重视实践，本科给水与排水专业培养的属于工程型专门人才，结合实践学习，重点突出理论学习。三种不同层次人才的培养从中职到本科，给水排水人才培养实践逐渐减少、理论逐渐增加，中职学校给水与排水专业实践内容最多，理论最少，而本科给水与排水专业实践相对最少，理论最多，从理论与实践学习来看，高职给水与排水专业介于中职与本科之间。图 2-1 显示了三层次人才培养特点，表 2-1 列出了不同类型的教育特征。

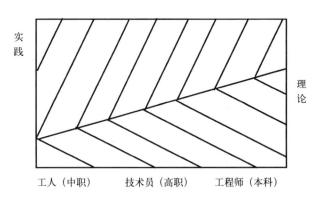

图 2-1　给水与排水专业三层次人才培养特点

不同类型教育的教育特征　　　　　　表 2-1

项目	科学教育	工程教育	技术教育	技能教育
性质	学术型	工程型	技术型	技能型
教育内容	系统科学	工程学	产业技术	操作技能
培养目标	科学家	工程师类	技术员类	技工类
目的任务	揭示规律	开发设计	生产问题	一线操作
培养机构	文理大学	工科大学	技术院校	职业学校
教育层次	本科以上	本科、高职	高职、中职	中职

2.2　给水与排水专业课程设置与教学特点

2.2.1　给水与排水专业的课程设置特点

中等职业学校给水与排水专业的课程设置与教学要求，集中反映在培养方案（教学计划）的制订上。为保证中职人才培养总目标的实现，在各类中等职业学校制订培养方案时，教育主管部门通常会提出一些原则要求，以供各校参照执行。2009 年 1 月 6 日教育部颁布的文件《教育部关于制定中等职业学校教学计划的原则意见》（教职成 [2009]2 号）中提出，中等职业教育是高中阶段教育的重要组成部分，其课程设置分为公共基础课程和专业技能课程两类。

公共基础课程包括德育课、文化课、体育与健康课、艺术课及其他选修公共课程。其任务是引导学生树立正确的世界观、人生观和价值观，提高学生思想政治素质、职业道德水平和科学文化素养；为专业知识的学习和职业技能的培养奠定基础，满足学生职业生涯发展的需要，促进终身学习。课程设置和教学要求应与培养目标相适应，注重学生能力的培养，加强与学生生活、专业和社会实践的紧密联系。

德育课、语文、数学、外语（英语等）、计算机应用基础、体育与健康、艺术（或音乐、美术）为必修课，学生应达到国家规定的基本要求。物理、化学等其他自然科学和人文科学类课程，可作为公共基础课程列为必修课或选修课，也可以多种形式融入专业课程之中。学校还应根据需要，开设关于安全教育、节能减排、环境保护、人口资源、现代科学技术、管理等方面的选修课程或专题讲座（活动）。公共基础课程必修课的教学大纲由国家统一制定。

专业技能课程的任务是培养学生掌握必要的专业知识和比较熟练的职业技能，提高学生就业、创业能力和适应职业变化的能力。应当按照相应职业岗位（群）的能力要求，采用基础平台加专门化方向的课程结构，设置专业技能课程。课程内容要紧密联系生产劳动实际和社会实践，突出应用性和实践性，并注意与相关职业资格考核要求相结合。专业技能课程教学应根据培养目标、教学内容和学生的学习特点，采取灵活多样的教学方法。部分基础性强、规范性要求高、覆盖专业面广的大类专业基础课程的教学大纲由国家统一制定。

实习实训是专业技能课程教学的重要内容，是培养学生良好的职业道德，强化学生实践能力和职业技能，提高综合职业能力的重要环节。要大力推行工学结合、校企合作、顶岗实习。学校和实习单位要按照专业培养目标的要求和教学计划的安排，共同制订实习计划和实习评价标准，组织开展专业教学和职业技能训练，并保证学生顶岗实习的岗位与其所学专业面向的岗位群基本一致。重视校内教学实习和实训，特别是生产性实训。要在加强专业实践课程教学、完善专业实践课程体系的同时，积极探索专业理论课程与专业实践课程的一体化教学。

在时间安排上，按文件要求：每学年为52周，其中教学时间40周（含复习考试），假期12周。周学时一般为28学时（1小时折1学时）。顶岗实习一般按每周30小时安排。三年总学时数约为3000～3300学时。

实行学分制的学校，一般16～18学时为1个学分，三年制总学分不得少于170学分。军训、社会实践、入学教育、毕业教育等活动，以1周为1学分，共5学分。公共基础课程学时一般占总学时的1/3，累计总学时约为一学年。允许不同地区、不同学校、不同专业根据人才培养的实际需要在规定的范围内适当调整，上下浮动，但必须保证学生修完公共基础课程的必修内容和学时。

专业技能课程学时一般占总学时的2/3，其中顶岗实习累计总学时约为一学年。要认真落实《中等职业学校学生实习管理办法》的规定和要求，在确保学生实习总量的前提下，学校可根据实际需要，集中或分阶段安排实习时间。

招收普通高中毕业生的专业，教学时间安排由各地根据实际情况确定。实习实训累计总学时不少于半学年。

对文化基础要求较高或对职业技能要求较高的专业，可根据需要对课时比例作适当的调整。实行弹性学习制度的学校（专业），可根据实际情况安排教学活动的时间。

教学计划的课程设置中，应设立选修课程，其教学时数占总学时的比例应不少于10%。

2.2.2　给水与排水专业教学实施

如何落实中等职业学校人才培养目标主要体现在培养课程的设置上，从其人才培养的目标与规格上来看，中职课程要突出实践性和职业性，这也是职业教育的本质特征所决定的。但是当前在给水与排水工程专业培养方案上，采用的是与高等教育雷同的简化版学科型课程体系，教材以学科理论和理论验证为主，这就要求学生有较扎实的理论学习基础，而理论基础相对薄弱的学生根本适应不了这种教学要求，造成教学质量无法保证，培养目标难以实现的问题。表2-2中列出了三类学校给水与排水专业的主要课程。

三类学校给水与排水专业的主要课程　　　　　　　表2-2

学校类型	主要课程	共同课程
中职校	CAD绘图、工程材料、工程测量、建筑结构、道路工程、管道工程、桥梁工程、项目管理概论、定额与预算、施工组织、经营管理	工程力学
高职校	水化学、水力学、测量学、土木建筑工程基础、水处理微生物学、水泵与水泵站、给水工程、排水工程、建筑给水排水工程、给排水工程施工	
本科	水力学、水文学与水文地质学、土建工程基础、水分析化学、水工艺设备基础、泵与泵站、给排水管道系统、建筑给水排水工程、水工程施工等	

从表 2-2 可看出，虽然中等职业学校也开设有理论课程，但这些理论课程主要是为专业实践课程服务的，其目的是为更好地培养学生的职业实践能力。而学生职业实践能力的培养是给水与排水专业课程设置的关键特征，特别是实习实训课程在给水与排水专业中应占有重要位置。根据教育部的要求，在专业培养方案中，专业技能课程学时一般占总学时的 2/3，其中顶岗实习累计总学时约为一学年。在表 2-3 中可以看出，在实践类课程方面，中职学校以实训实习课为主，高职学校主要以实习实训为主，本科学校以实验实习为主，也体现出了职业院校特别是中职学校以培养学生的实践技能与操作能力为培养的重要目标之一。

三类学校给水与排水专业实践类课程安排一览表　　　　表 2-3

学校类型	专业实习、实训或实验课
中职校	水处理专业方向实践环节计26周，其中工程测量综合实训（2周）、岗位实习（20周）、污水处理综合实训（3周）、泵站操作综合实训（1周）
高职校	实践环节计29周，其中认识实习（1周）、生产实习（3周）、测量实训（2周）、毕业实习（3周）、课程设计（9周）、毕业设计（11周）
本科	实践环节计39周，主要是水质分析实验、水处理生物学实验、水力学实验、水处理实验、认识实习、生产实习、毕业实习、课程设计、毕业设计等

2.2.3　给水与排水专业课程开发与教学模式

给水与排水专业课程与教学必须从传统的学科本位转向能力本位或工作过程本位的模式。这也是职业教育发展趋势和人才培养目标所决定的。

1. 学科本位的课程与教学

学科本位模式，是按科学门类与学科自身逻辑结构来设计课程。其规定性强，学生必须以学科内容为准。传统的学科本位教学模式是按学科组合而成，学科理论结构三段式。传统的教学模式中，是以教师为中心，教师是学术专家和权威，在教学中处于主导地位。学习者的一切活动都以教师为中心，教师教什么，学生就学什么，包括理论知识和实践知识。传统的学科本位教学模式采用的是班级授课制，以班级为中心。

学科本位教学模式的教学目标很笼统，是向学生传授系统的科学文化基础知识、专业基础知识，培养学生良好的职业道德品质。以知识为中心，强调所学知识的科学性、连贯性与系统性，注重新旧知识的联系。学习的内容、大纲、教材及教学进度都是"一刀切"。评价一个人的学习质量通常是以个人的卷面分数为标准，课程知识部分的考试是评价该课程的唯一依据，强化了考试成绩，难以保证受教育者掌握解决实际问题的能力。

学科本位教学模式的优点：能充分发挥教师的主导作用；能在较短的时间内把系统知识传授给学生，学生基础较牢固，增强了学生自我适应和自我发挥的能力；便于对学生进行思想道德和职业道德的教育；经济简便。

学科本位教学模式的缺点：重理论轻实践，重知识轻技能，难以练就熟练的工作技能。

2. 能力本位的课程与教学

职业教育课程开发非常有别于普通教育课程开发。学科体系课程开发是我国通行的课程开发模式。学科体系课程开发模式无法满足职业教育实践的要求。职业教育的课程改革必须摒弃学科体系课程开发模式。能力本位课程开发应成为职业教育课程开发的主要模式。

能力本位 CBE（competency based education）是一种现代职业教育理念，与传统的学科本位或知识本位教育有较大区别，它强调培养学生的综合职业能力。

能力本位课程开发比较典型的一种方法是 DACUM 法（Develop a Curriculum，即开发一个课程），如图 2-2 所示。这种方法集中"专家工人"（优秀的实践工作者）、课程开发专家、职业研究专家、教学专家等集体智慧的有组织的分析过程，其目的是识别出从事某一岗位工作所需的职业能力和与之相关的专项能力，从而为职业教育的教学分析提供客观的基础。课程开发的基础是来自企业的专家针对职业需求的变化而提出的能力要求。

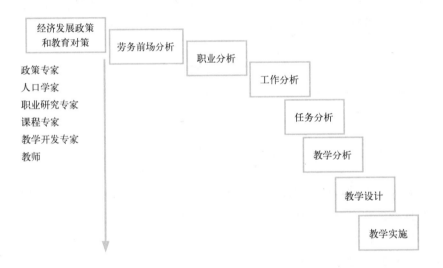

图 2-2　能力本位教育课程开发模式图

能力本位课程开发通常需要用到"梯度"活动分析法，如图 2-3 所示。这种方法的总体思路是：人们通过对工作的行为方式和劳动分工方式进行分析，获得职业行为的基本组成元素，在此基础上，再对这些元素在工作行动过程中的重要性进行分析和评价。

构建能力本位的课程体系，必须摆脱学科本位的课程思想，开发综合课程体系。充分调研企业对本专业岗位综合能力的要求，与相关企业的工程技术人员一起，进行工作分析，把实际工作要求作为设置课程和确定课程内容的根本依据，明确教学目标，设置相关课程，确定课程内容，建立能力本位的课程体系。

构建能力本位的课程体系，还应紧密结合职业技能鉴定，依据职业标准开发课程内容，并且关注学生职业生涯发展，以高于职业标准的教学内容来满足学生终身发展的需要。

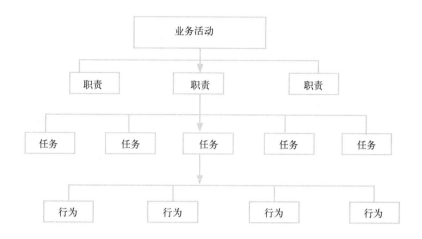

图 2-3 "梯度"活动分析法

该教学模式强调职业或岗位所需能力的确定、学习和运用，以达到某种职业的从业能力要求为教学目标，课程内容以职业分析为基础，重视及时反馈和学生自学能力的培养，强调个别化教学，以学生为中心进行教学。

能力本位的教学目标是：使学生达到从事某一职业所必须具备的知识、技能、行为意识等在内的综合职业能力。教师是学生自学的指导者或引导者，其作用主要是引导学生围绕所要掌握的内容专注地学习；教师要积极指导学生学会正确的自学方法，"授之以渔"，要根据需要，适时为学生提供各种学习工具和实验、学习场所等。

能力本位教学模式的优点：教学目标具体明确，针对性和可操作性强；课程内容以职业分析为基础，采用模块式结构，把理论知识与实践技能训练结合起来，打破了僵化的学科课程体系；重视学生个别化学习，以学生学习活动为中心，注重"学"而非注重"教"；反馈及时，评价客观，以标准参照评价。

能力本位教学模式的缺点：科技的迅速发展及不同职业内涵的不确定性，课程设计难度较大；各专业领域间课程的衔接难度也较大。

3. 基于职业行动能力的课程与教学

（1）关键能力

"关键能力"的概念于 20 世纪 70 年代由德国职业教育界提出。为使关键能力培养从抽象的概念走进职业教育教学实践，德国职业教育界于 20 世纪 80 年代起开展了行动导向教学的讨论，这对德国职教发展产生了深刻的影响，成为德国职教改革的方向。

关键能力是那些与一定的专业实际技能不直接相关的知识、能力和技能，它更是在各种不同场合和职责情况下作出判断选择的能力；胜任人生生涯中不可预见的各种变化的能力。

一般来说，关键能力可以理解为跨专业的知识、技能和能力，由于其普遍适用性而不易因科学技术进步而过时或被淘汰。通常包括专业能力、社会能力和方法能力。

（2）从关键能力向职业行动能力的发展

职业行动能力指的是解决典型职业问题和应对典型职业情境，并综合应用有关知识技能的能力。为此，需要通过职业教育获取跨专业的能力。

为使职业行动能力更具体化并在职业教育教学方案中得以体现，一般将其分为四个部分，即专业能力、社会能力、个性能力和方法能力。有的学者将这四部分看作相互平等的，巴德则将方法能力与学习能力和语言能力一起作为另外三种能力的组成部分，因为每一种能力的养成和发展都需要它们。

专业能力指的是个体独立地、专业化地、方法性地完成任务并评价其结果的能力和意愿。这也包括逻辑的、分析的、抽象的、归纳的思考，以及对事物系统和过程的关系的认识。

个性能力指的是个体在职业生涯、家庭和社会生活中判断和认清目标并发展自己聪明才智的能力和意愿。特别包括在构建人生发展中起重要作用的、对自己行为负责的态度、价值取向和行为准则。社会能力指的是把握和理解社会关系并合理、负责地处理人际关系的能力和意愿。包括承担社会责任和团结他人。

方法能力主要指独立学习和工作并在其中发展自己的能力，将学习获得的知识技能在各种学习和工作实际场合迁移和应用的能力。

到 20 世纪 80 年代，对关键能力的讨论，逐渐演化成了对职业行动能力的讨论。"行动导向"的概念在德国职业教育教学领域文献中到处可见。尽管在学术上存在争论，"行动导向"还是作为职业教育教学现代化的标志被确立下来，形成了其富有特色的"行动导向"教育思想和教学方法。

（3）行动导向课程与教学

行动导向课程具有的明显特点包括：学科课程的整合、工作过程知识（包括客观知识与主观知识）的学习、突出学生自主学习。

行动导向课程主要是基于工作过程或劳动过程分析来开发出来的。职业教育课程开发需通过两个程序，由行业专家（如技师、工段长）先进行工作过程分析，获得反映职业教育毕业生从事的职业工作描述，然后再由课程专家进行教学过程分析，教学所需的学习领域——整合的典型工作任务和学习型的工作任务，并进行教学过程方案设计，获得学习情境。行动导向课程特别是其基于工作过程分析的课程开发模式对于中国的职业教育课程与教学改革都有着重要的借鉴意义。

基于就业导向的职业教育应努力以给水与排水专业人才的职业行动能力为本位来重构课程体系。同时，国际上能力本位课程开发方法以及近年来所形成的基于工作过程分析课程开发方法为给水与排水专业课程改革与实践提供了非常有益的借鉴。

职业行动能力培养要依赖于行动导向教学为主要途径。行动导向教学不仅仅是应用一些实践性的或实践过程完整的教学方法，例如在职业教育教学中有更长历史的项目教学法，其意义要广泛和深远得多，它代表了一种基础性的变革。

职业行动能力指向胜任现实中的要求，它通过学习者的合作和自觉行动使其个性发展成为可能。行动导向的教学既注重教学结果，又注重教学过程。为此，"计划"、"实施"、"检查"这三个行动步骤，在行动导向的教学过程和目标中具有核心意义，因为这三个步骤符合现实中处理事物或解决问题的完整的行动模型。

通过设计有意义的学习任务和制作有使用价值的行动成果来激发学生的学习动机。为培养社会能力，应创设尽可能大的交互学习空间；学习任务应能促进交流与合作，尽可能完整并具有适当的问题成分，所反映的职业工作过程应该清晰透明；学习任务的解决应富有变化，以提高学生解决问题的灵活性。行动能力各个要素的培养不能割裂，而是综合地进行，特别是要和专业能力的培养结合起来进行。行动能力是和职业领域相联系的，因此不能脱离职业环境背景，以一般解决问题能力或一般知识迁移能力的形式来传授。

行动导向教学是以学生为中心、以活动为导向、以能力为本位的教学方式。它要求教师创设一种类似于工作实际的学习环境和气氛，通过行动的引导，使学生在活动中通过小组合作学习，心、脑、手并用，教、学、做结合，身体力行获取知识与技能，提高学习爱好，培养创新思维，形成职业核心能力。充分发挥学生的主体作用，尊重学生的个体差异，重视学生的完整人格，开发学生的潜能，培养学生的综合素质。实现了从以教师为中心向以学生为中心的转变。教学中广泛运用角色扮演、模拟教学、项目教学、案例分析和引导文等教学方法，师生互动、生生互动、组组互动，极大地提高了教与学的积极性和主动性，有利于培养学生的专业能力、沟通协作能力、学习能力等职业核心能力。

2.2.4　给水与排水专业主干课程教学方案设计

专业教学内容分析是教学活动开展的前提，是教学实施的重要环节，主要体现在教学方案的设计上。专业课程的教学分析主要包括课程教学目标分析、教学重点内容选择和教学难点分析、教学内容的组织，教学方法与媒体的选择。

1.教学目标分析与设计

在学校教育中，教学目标是一个有层次结构的系统，按照从宏观、抽象，到微观、具体的顺序可分为四个层次，即专业教学目标、课程教学目标、单元教学目标和课时教学目标。

在教学目标结构上从横向上看，教学目标不但有知识和技能维度，而且有情感、态度、方法、过程和价值观等多个维度。

事实上教学目标是多维性，可能是三维的，也可能是多于或少于三维，因此，在具体制定教学目标时，必须考虑教学的实际要求。从人才培养的综合职业能力，从学生未来发展的角度看，健全的人格发展、良好的行为习惯等都显得非常重要，这些也都应该纳入教学目标系统进行考虑。

设计教学目标时，教师首先要把握课程教学目标，在此前提下研究具体的课程内容标准，将课程的宏观目标与具体的内容标准融为一体，使课程目标贯穿和体现于单元教学目标和课时教学目标之中。

教学目标强调的是学生将做些什么，而不是教师做些什么，正确地界定和编写教学目标的方法，应以学生为教学的主体和目标的主体，把教学的重心指向学生和期望他们达到的学习结果。要体现能力本位，要改变传统的知识本位或学科本位的教学观，注重学生职业行动能力的培养。另外还要加强学生的情感发展与态度学习的需要，特别是职业道德、劳动纪律和社会责任感等目标的分析。

2. 教学内容的组织和安排

首先，教师要能准确把握和解读中职给水与排水专业教学标准和教学方案，熟悉教学任务，领会给水与排水专业相关课程的教学目的和要求，理解课程教学计划与专业培养能力、职业资格标准的关联性。

其次，要使用合适的教材，选择合适的教材尤其是专业骨干教师必须具备的重要能力，可以从出版社权威性、编著者的影响力，以及是否国家规划或教育部推荐的教材、教材编写的体例、与教学目标相适应的程度等角度来作出综合判断。

3. 教学的重点与难点确定

相关专业教学内容的大致进度、时间安排。同时还需考虑学生掌握教学内容的难易程度，并布置相应课堂或课后作业或练习。

4. 选择合适的教学组织形式

比如是班级形式、小组形式还是个体独立学习形式，是校内课堂教学或实训教学，还是校外现场教学或实习等，在此基础上，充分利用现有教学资源，包括教室、媒体、工具、材料、仪器以及相应的教学方法。

5. 专业课教学方法的选择

应以学生职业行动能力培养需要为依据，来选择体现学生为中心的教学方法，包括项目法、任务法、考察法、引导文法、实验法、案例法等行动导向教学方法。

2.3 给水与排水专业教学媒体的选择与应用

在信息传播过程中，媒体是指承载、传输与控制信息的材料和工具的总称，包括语言、印刷材料、黑板、广播、电影、电视、电话、广告牌、图片、幻灯机、投影仪、照相机、电子白板、录音机、录像机、MP3 类播放机、计算机、网络等以及与各种机械相配套使用的 VCD 或 DVD 盘、片、带和教学软件等等。当媒体被引进教育教学领域，承载、传递和控制教育教学信息，并介入到教与学的过程中时，我们就把它称为"教育媒体"或"教学媒体"，可分为传统教学媒体和现代教学媒体两类。传统的包括语言、文字、图片、黑板、模型和实物等。现代教学媒体包括投影、电声、电视、计算机和通信网络等。

人们通常把一切可用于教育教学的物质条件、自然条件以及社会条件的综合称为教学环境。通常还把各种各样的媒体环境与教学环境结合在一起统称为教学资源环境，即教学资源。教学媒体和教学环境在教学活动中发挥着重要的作用，良好的教学媒体和教学环境可以使教学传递更加标准化，教学方式更加灵活，教学活动更加生动有趣。媒体教学环境主要包括：计算机教室、多媒体教室、网络教室、电子资源库、校园网及互联网等。对职业技术教育的任何一个专业，教学媒体和教学环境创设都是教学组织的重要组成部分，教学媒体和教学环境直接影响甚至决定职业教育的教学活动实施过程以及所取得的成果。

2.3.1 教学媒体选择的主要依据

在职业技术教育中，教学媒体的使用已经越来越广泛，从模型、实物、挂图到现代教学媒体中的视听媒体、多媒体课件、软件模拟、互联网教育资源利用等。

视听媒体的引入使得教学过程变得更为形象、具体、直观、生动、富于乐趣，更有效地提高学生的学习效果。利用视听媒体辅助教学，利于学生对所学问题的感知、理解和记忆，也使得课堂教学充满生动性、趣味性和变化性。通过视觉媒体进行教学，能将复杂、真实、重要的图形、图片在课堂上直观形象地展现给学生，有助于学生观察和分析事物现象或学习内容。视听觉媒体教材通常包括投影片、录音和电视教学片。

多媒体课件是通过计算机把文字、声音、图像、动画、视频等多种媒体的信息进行交互式综合处理而制作成的教学资源。比较典型的是超文本材料和超媒体资料。超文本是指在一个课件页面中把某些文本通过连接引向其他页面。在超文本结构中，除了文字链接外，还可以对图像、视频、声音等多媒体信息进行链接，从而形成超媒体课件。

软件模拟或仿真教学，专业教学媒体内容越来越丰富、技术含量越来越高。专业教学媒体不仅可以促进学生掌握本专业相关的知识，而且可以促使学生学会实际操作。专业教学媒体为提高专业教学有效性提供了有力的技术支持。职业教育过程教学媒体的正确选择和运用，需要建立在充分遵循职业教育的教学原则的基础上，教师应该了解与教学内容有关的教学媒体以及多种教学媒体的组合的可能性，并能够对其系统地加以归纳和整理，不仅应该了解各种教学媒体的不同使用方法，还应该了解各种教学媒体所能产生的最佳效果。在选择使用教学媒体时，教师要有清晰、明确的目的，并掌握灵活使用教学媒体的原则，积极主动地学习和了解专业有关教学媒体的新信息。

教学媒体种类越来越丰富，在选择职业教育教学媒体时，需要考虑以下一些依据。

1. 依据教学目标进行选择

不同专业课程有其不同的教学目标，选择使用恰当的教学媒体，可以使学生通过该课程的学习，产生的行为变化更为明显。

2. 依据教学对象进行选择

根据不同特点的教学对象选择。职业学校的教学对象比较复杂，存在着不同地域、不同的社会背景，他们的知识、技能起点各不相同。在围绕教学重点和难点的前提下，教师要针对不同特点教学对象，选择采用不同的教学媒体，以调动学生的积极性，激发学生的兴趣。

3. 依据媒体特征和功能进行选择

每一种媒体都具有它的特点和功能，它们在色彩、立体感、动静态、音响、可控性以及反馈机制等方面都不相同，因此呈现教学信息的能力和功能也不完全相同，教师选择时要尽可能地预计其使用效果。

4. 依据媒体的获得可能进行选择

教师在选择媒体时，还要考虑职业学校自身的因素，诸如学校现有条件下能否获得媒体、制作成本与达到的效果相比是否有意义（性价比）等。在能够达到教学目标的前提下，尽可能选择简便易行、成本较低的教学媒体。如仅需静态显示物体结构的，使用挂图比多媒体更经济、实用。又如服务性的职业岗位技能教学通过现场拍摄标准规范实况，使用教学录像更加有效。

5. 依据教师自身掌握情况进行选择

专业教师对所选择的媒体不仅要充分了解本身的结构特点，操作规程、使用说明和软件配置情况，要明白是否有资格准入限制，还要弄清楚操作使用是否复杂，维护难度等情况。教师要熟悉所选择媒体的内容，充分利用其功能、特性，掌握小故障维修等常识。

2.3.2　给水与排水专业的典型教学媒体

1. 示意图与实物图

模型、图纸、图片、视频、PPT 等教学课件在给水排水教学中是最为常见的教学媒体，这些课件比文字要更能有效地帮助人们了解信息。特别是图纸、图片，通常很多给水与排水专业网站上有很多现成的素材库，为教师的课堂教学提供了良好的帮助，另外，教师根据需要也可以自己制作，比如到现场拍照片、摄像，以供专业教学选用。

图 2-4 ~ 图 2-6 为美国乡村住宅的化粪池示意图与实物图。结合文字材料，使用图例或图片进行教学，比较直观，利于学生接受和理解。

图 2-7、图 2-8 为市区管道施工过程图片，这种现场图片配上要求及相关说明，非常易于专业课程教学。

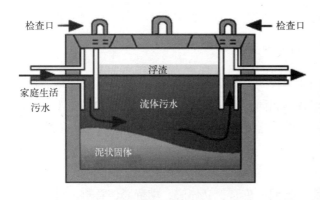

图 2-4　美国乡村住宅的化粪池示意图

图 2-5　化粪池实物

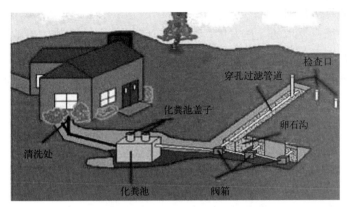

图 2-6 乡村
住宅化粪池

图 2-7 开挖的沟槽

说明

一、开挖沟槽需检查其宽度、平直度及标高。

二、下管前，沟底须垫沙。沟槽宽度的确定：

　　1. DN100 及 DN100 以下管 +0.4m；

　　2. DN100 以上管：管径 +0.3m。

三、地下管线的管顶埋深应满足（如果采取有效的防护，可适当降低要求）

　　1. 埋设在车行道时 ≥ 0.7m(包括市政的非机动车道)；

　　2. 埋设在非车行道（含人行道）时 ≥ 0.6m。

四、下管前沟底需填沙0.1m。沟底遇有废旧构筑物、硬石、木头、垃圾等，须清理，垫沙0.15m。

对场地较小或管沟已挖好的，可将管材放在沟槽上进行焊接。

图 2-8 沟槽中管材的焊接

2. 计算机辅助教学与仿真软件

随着电子技术和计算机技术的飞速发展，电子仿真软件在给水与排水专业课程教学中越来越显得重要。它能为学生的学习创造一种自主、开放式的氛围，为学生搭建学习现代化技术的平台，从而更容易激发学生的技术创新欲望，大力开发其手和脑的潜能，进一步培养学生综合分析问题的能力和开发创新的能力。

计算机辅助教学和模拟仿真技术引入到专业课堂教学上来，大大地推动专业课程教学手段的现代化，调动了学生的学习积极性，有效地提高教学质量和效率。此外，计算机辅助教学的开展不仅有利于学生对电子技术知识的掌握和创新与设计能力的培养，更重要的一点还让学生学会了学习技术的方法并形成了使用现代化工具的意识。英国水研究中心开发的 STOAT 软件，可以对整个污水处理系统进行仿真，已经应用于污水处理厂的设计和运行，在欧洲、美国、中东已经有很多污水处理厂都是使用 STOAT 进行设计的。

目前，我国已开发出了用于给水与排水专业教学的软件：给水与排水工程专业素材库；水处理单元实习仿真软件；城市给水处理仿真软件 WSS1.5；城市污水处理仿真软件 WTS2.0。以下就给水与排水专业常用的软件作一介绍。

●《水处理单元实习仿真》软件

《水处理单元实习仿真》软件主要应用于环境专业教学和环保水处理工人培训等方面，内容包括氧化沟工艺、SBR 工艺、UASB 工艺、AB 工艺、A2O 工艺、气浮工艺和反渗透工艺，共 7 个单元操作，处理程度上涵盖了机械处理、生物处理、污水深度处理三级。工艺上采用了生化处理和物理渗透。

培训内容：工艺巡视、单元操作、设备故障、工艺调整、开停车等。

培训工艺：氧化沟工艺、SBR 工艺、UASB 工艺、AB 工艺、气浮工艺、A2O 工艺、反渗透工艺。

培训项目：冷态开车、正常运行、正常停车、SBR 池手动运行操作、UASB 日常管理。

技术特点："单机练习"——提供用户单机的培训模式。"局域网模式"——提供用户联网操作，培训老师可以查看并管理学员（需配套教师站）。"联合操作"——提供一个学习小组操作一个软件的模式，提高学员的团队意识和团队协调能力（需配套教师站）。"广域网在线运行(simnet)模式"——支持异地的学员通过互联网进行远程培训。"教师站"——提供练习、培训、考核等模式，并能组卷（理论加仿真）、设置随机事故扰动，能自动收取成绩等功能。

城市自来水厂是重要的学生实践环节之一，也是学生就业的出路之一，学生毕业实习都要到这类单位去实践。但水厂往往是重要的安全保卫部门，工厂从生产安全考虑，不允许学生操作，学生在水厂的实践操作能力的培养效果不佳。应用《水处理单元实习仿真》软件，是一种很好的选择。

●《给水处理仿真》软件

作为给水处理教学的教学工具之一的《给水处理仿真》软件，该软件分为城市自来水厂单元和滤池单元。在教学中，运用仿真软件，对学生进行实操培训，因为软件的强大功能就是培训功能，不仅在校学生，就是水厂的工作人员也可利用其进行继续教育和培训学习。如：在讲完滤池部分后，就可以进行滤池单元的培训，滤池单元的其中一项培训项目是强制滤池反冲洗，要求学生完成滤池反冲洗的运行操作，操作要求按照行业规定，如 V 形滤池的冲洗步骤是：气冲—气和水冲—水冲，各冲洗步骤有相应的时间控制，学生操作时也必须按照此规定来进行，否则就会造成操作失误而导致成绩不佳，因此，学生在操作前必须了解滤池的反冲洗程序，以及完成这些程序所对应操作的设备，而且一次操作是有时间控制的，即使操作完全正确而耗时过长的也会影响成绩，因此学生必须熟悉整个操作。软件还有评分系统，以便用于考核。

● 《给水处理工艺自动控制模拟仿真》和《城市污水处理工艺自动控制模拟仿真》软件

上海城市建设工程学校所使用的《给水处理工艺自动控制模拟仿真软件》和《城市污水处理工艺自动控制模拟仿真软件》突破原有的教学模式，通过应用现代多媒体技术模拟水厂和污水处理厂实际运行工况，采用单元组合进行模拟操作。软件设定各种意外和故障，让学生练习操作，提高动手技能。同时，软件还能对学生操作的具体步骤进行计分，在智能评分功能中直接得出综合分数，对学生的操作给予客观评价。该软件的应用，解决了学生现场实习困难的难题，有力促进了技能培养水平的提高。软件图像逼真，立体感强，同时配有多媒体课件，方便教师在课程教学上采用，学生也可自主学习。软件功能强大，性能先进，技能训练手段创新，技术含量高，属国内首创。同时还能满足企业在职职工的培训需要。

3. 互联网教育资源的利用

互联网已为学校教育带来了越来越多的影响，为教师教学和学生学习带来新的机会。通过对教育类及专业网站、网络信息检索、文件下载来获取给水与排水方面的包括文本、图片、图纸、音频、视频、软件、等电子学习资源。目前中职给水与排水专业教学资源网站也越来越多，几个国内网站可供本专业师生参考选用，如表 2-4 所示。

给水与排水专业教学资源网

表 2-4

互联网教育资源		网址
（1）中职教学资源网	携手大地 打造中职资源之第一平台	www.cnzj5u.com
（2）天圆地方建筑论坛	www.tydfjz.com 天圆地方	www.tydfjz.com
（3）全国给水排水信息技术网	全国给水排水信息技术网 China Water & Wastewater T	water.build.cn
（4）中国给排水论坛、给排水资源网	中国给排水论坛 www.gpslt.net	www.gpslt.net/bbs
（5）筑龙网	築龍網	www.zhulong.com

这些网站在有关给水与排水专业工程实践或学习方面，也有很多相关软件，比如污水处理、给水排水方面的许多软件 http://www.zhulong.com/sitemap/GP.html。

2.4 实践教学资源分析与环境创设

职业教育的发展是以就业为导向，能力为本位，岗位需要和职业标准为依据，满足学生职业生涯发展的需要。同时要培养学生良好的职业道德、自我学习能力、实践动手能力和耐心细致的管理能力、简单的分析和处理问题的能力，以及诚实、守信、善于沟通和合作的专业素养，安全文明施工的良好意识和吃苦耐劳的精神。

中职给水与排水专业学生只有通过系统的综合实践活动才能获得相应的岗位基本职业能力。其中，专业实训室建设、理实一体化教室建设以及实习基地资源开发对于学生的综合职业能力培养来说起到至关重要的作用。

2.4.1 专业实训室建设及其规划系统

1. 专业实训室建设

中职实践教学有别于大学的实践教学，中职重点强调的是专业实训教学，以提高专业实践操作技能的培养，而大学强调实验教学，以巩固对理论或原理的认识和理解。如何开展专业实训室建设是给水与排水专业实践教学的首要任务。以下借助德国专业实训室建设的思路为中职给水与排水专业实训室建设提供借鉴或参考。

20世纪80年代至90年代，技术专业教学法在德国大学里仍带有仅以传授为主的烙印。在技术知识和工作组织日益发展的背景下，尤其是近十年来，由于对专业技能要求的转变，使得这几年在职业培训的整个技术教育领域中迎来了新的变革。技术类专业教学的特点是使专业学习与一般的学习相结合，使理论教学和实践教学相结合，其目的是为了让学生获得全面的行为能力。这种做法同样也适用于师资培训。一旦师资的培训也能做到多种形式的结合，这将会对整个师资教育产生广泛而深远的影响。除此之外，与此相对应的教学方法和教学媒介的应用，以及校内专业实验（实训）室的布置也变得日趋重要。现代化机床的操作案例，能使这一构想变为现实并进一步得到发展，这种构想就是尽量使未来职校机械和电子技术方向的学员能够获得全面的行为能力。

2. 专业实训室规划系统

专业实训室规划系统理论是20世纪90年代末在德国技术教育领域新兴的用于实验室、实训室建设的理论。技术类教育应使专业知识与学习目的、理论教学与实践教学相结合，其目的是培养学生全面发展的行动能力。国际上，德国职业教育作为技术类教育的典型，为了实现理论和实践相结合的教学，达到培养学生获得全面技能的目标，而采用了多样化的教学和学习形式。但是如果没有与之相应的学习场所即专业实训室，培养学生全面技能也是行不通的。在这样的背景条件下，专业实训室规划系统理论被引进到职业教育中并在发展中逐渐形成了自己的特征和要求。

（1）专业实训室规划系统的要求

在专业实训室规划系统中，首先要理解的是专业实训室群。实训室群的建立要在空间和功能上存在紧密的联系，也就是说相关专业实训室群要建得靠近些，尽量的在同一实训大楼或是同一大楼的同一楼层或紧挨楼层，使实训室建设在空间上便于联系；或是实训室中设备的安装也要做到有序，便于理论和实践教学的结合。其次，在职业学校的教学框架内，运用真实或仿真技术，在其对应的技术过程中获得想要体验的工作环境。再次，专业实训室规划系统应是一个整合的专业实训室，其中实训区和教学区是整个实训室系统的中心部分，在建立实训基地时，这两个区不可偏废其一。最后，专业实训室规划系统要建立在技术教育目的观的基础上，也就是说专业实训室规划系统要建立与教育认知领域、教育经验领域和技术经历领域相对应的技术教育目的观基础之上。通过对众多技术教育目的观进行归纳，我们得出如下几种观点：技术知识的学习（知识观）、技术操作和使用（使用观）、技术设计（设计观）、技术鉴定（鉴定观）、技术负责（责任观）。

借鉴比恩郝斯·W（Bienhaus，2000年）的观点对上文提及的重要教育目的观加以阐释说明，并由此提出对专业实验室系统的要求。

第一，技术操作和使用（使用观）。

技术操作实际上也可被理解为与真实的技术进行交流，从而确定教学目标，且目标的确定与技术使用过程的整体性相联系。以机械专业为例，学习目标制定应该包括保养、维修、改型、部件和可回收原料的再利用，以及对符合环境要求的工业技术原料和人工制品等有毒废物的清除等技术操作。为达到这样的学习目的，专业实训室系统应相应地展现一种利于学习，并以专业技能训练为目标的安排。

第二，技术设计（设计观）。

对于专业实训室建设，一方面必须体现技术设计过程的整体性，能在技术设计的所有设计阶段都能体现出来。它包括解决技术问题过程中的所有步骤，从设计问题的分析到设计方案的提出、设计、规划、生产、最后到产品的投入使用。同时，技术设计也要与预先设想的新工艺和新技术相结合。另一方面"以设计为导向的技术教学法"应使技术设计摆到社会生态学和经济学的维度中来考虑。在专业实训室规划建设中，要充分认识实训区和教学区各自功能和作用，使技术设计过程成为学习和教学实训的重要前提。

第三，技术鉴定（鉴定观）。

专业实训室不仅能进行专业理论分析还可以开展实践技术鉴定。技术鉴定主要包括技术先决条件的鉴定、技术使用的鉴定及技术结果的鉴定。由于技术总是见于它的社会关系之中，因此在对现有技术进行鉴定时，学生个人的兴趣和目的也暴露无遗，这就会带给学生学习和掌握技术的动力。也就是说，不仅要对技术知识、技术难题以及实物构造进行认识，而且还要学会在社会关系中思考问题。技术鉴定除了鉴定技术知识和技术实践的掌握情况外，还应该鉴定掌握知识和技能所需的、基本的思考和分析问题的方式方法。

第四，技术负责（责任观）。

专业实训室建设的技术责任主要是为实训室建设所提供的设备基础。对于与技术有关、需负责任的决定和操作来讲，客观的技术鉴定能力是其非常重要的前提条件。对一件事情富有责任感，不能仅以对事情的知识掌握多少为前提，还应取决于个人的经历。实训指导手册是建立在信念的基础上，由价值、准则和规则发展而来，并在复杂的国内外学习技术内容中得到提高，而有益于人、社会、环境的技术操作规定也由此产生。故承担责任的能力，在技术的形成和发展中是各类职业技术教育的目标。实训操作手册提出了针对这种复杂内容所对应的教学方法有项目教学法，考察法，角色扮演法，技术实验法等。同时要求专业实训室建设也必须提供针对学习内容和学习过程的相应实训设备。

（2）专业实训室建设的特征

在德国技术教育中，对专业实训室建设的特征可归纳为如下几点：

第一，通用性、多功能性和使用灵活性。

在职业教育中，技术作为一个整体来传授，故专业实训室的规划和设置也应以"整体性原则"为前提。因为教育受国际多样化、内容多样化、方法多样化、媒介多样化的影响，在项目设定过程中进行形式开拓和操作方式的转换将变得非常必要。比方说某一技术从理论阐释说明到自主研究，到实际的设计和实验阶段，再到课程原理和根据各阶段设定的任务而进行功能和用途测试之间的转换。这要求建立一个通用的、多功能的、使用灵活和使流动教学成为可能的专业实训室系统。该系统必须拥有足够的自由空间，在实训区和教学区、学习区可以发掘理论和实践相融合的方式方法，达到高效率和节省时间的目的。

第二，不同内容和教育变迁过程中的开放性。

社会的变迁，教育内容和任务的变化，新的教育和专业教学的认知，发生在专业区域系统和媒介领域的革新，教育机构的变化，它们都或多或少地给研究、教学和学习带来深刻的变化，尤其是信息和交流技术在将来会在更大范围内对职业技术教育专业方向的学生产生更强烈的影响。专业实训室建设只有在它的规划和设备方面根据变化的内容，学习和教学条件从一开始就允许高度的开放和变动时，它的持久功能性才能得以保证。

第三，劳动和健康保护的真实性。

避免事故发生，关注因受技术限制而具有潜在危险的设备，理所当然属于技术教育的组成部分。因此应在职业教育范围内提供学习安全保护的机会，此时专业实训室则成为一个合适的学习环境。

第四，学习方法和形式开发的可能性。

很久以来传统的教学方法通过开放的、能强烈调动学生积极性的教学方法（团体学习、项目教学等）和学习形式（如自主学习）得到了扩展和补充。对专业实训室而言，更是要求在理想状态下，开展多样性学习方法和各类学习方式。

2.4.2　给水与排水专业实训室的组成

我国中等职业学校给水与排水专业实训室不局限于给水、排水或给水排水几种，事实上可以有很多种，常常随实训项目的不同而不同，如：建筑给水实训室、水泵实操训练、水监测化验、水处理、水质分析、管道、机泵等。表 2-5 为徐州建筑职业技术学院建筑技术实训基地高职学校建筑给水与排水专业、市政工程专业学生所需开展的实训项目构成。表 2-6 为上海城市管理学院给水排水及水泵的实训，学生通过该实训系统的实训，能进一步熟悉给排水系统的构成和系统运行的常见故障，能依据维修标准或相关规范要求，在实训指导老师的指导下，查找和处理各种故障以及有关方面的工作。其实训设备、工具、材料主要为：给排水工作原理实训装置一套、变频供水实验装置一套、离心水泵 3 只、学院内使用的给排水系统；处理故障所需的各种工具、材料等。

建筑给水与排水工程实训项目构成　　　　　表 2-5

实训名称	实训项目
建筑给水与排水工程实训	1.建筑给水排水管道安装
	2.挂箱式坐便器节点安装
	3.坐箱式坐便器节点安装
	4.连体后排水式坐便器节点安装
	5.托架式洗脸盆节点安装
	6.台式洗脸盆节点安装
	7.普通挂式小便斗节点安装
	8.感应挂式小便斗节点安装
	9.落地式小便斗节点安装
	10.单格不锈钢洗涤盆节点安装
	11.分户水表$DN15$节点安装
	12.水龙头节点安装
	13.减压阀节点安装
	14.末端试压装置

给水排水及水泵实训项目构成   表 2-6

实训名称	实训项目
给水与排水及水泵实训	1.水泵的一般构造、离心水泵工作原理
	2.水箱的构造
	3.给水排水系统常用的管材、管件及阀门
	4.连体后排水式坐便器节点安装
	5.供水设施故障的处理
	6.水泵的运行管理及故障处理
	7.管路改造
	8.给水排水设备设施的维修养护
	9.水池、水箱管理

2.4.3　理实一体化教室或专业教室建设

理实一体化教室或专业教室有别于专业实训室建设。给水与排水专业实训室建设侧重于技能操作，为适应岗位工作职业技能需要而设计的，理实一体化教室强调专业课程学习，突出专业理论与专业实践相结合，理实一体化教室设计有别于传统的教室布置，体现了从以教师为中心的教转向以学生为中心的学。理实一体化教室实质上就是职业活动导向教学环境的创设，可以通过传统教室、教学实训设备与多媒体教室相结合，将图像、声音、文字、动画等媒体融合起来，为学生提供丰富生动的教学素材，达到寓教于乐效果的新型教室。

图 2-9　教学区与实践区相融合教室

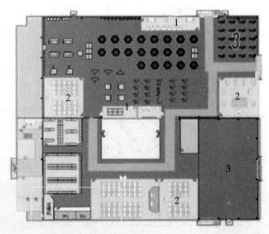

图 2-10　理实一体化教室的功能创设
1—教师办公区；2—专业理论教学区；3—实践操作区

图 2-11　理论教学与实践教学相结合的教室

职业活动导向教学要为学生创设一个活动的课堂，一个便于师生交流与互动的教室和实现情境教学的环境。教室是开展教学活动的主要场所，与传统的教室要求相同，教室要有一定的平面空间，平面的长宽比例恰当、教室布置整齐洁净、通风条件良好、室内温度舒适宜人、采光充足均衡、色调宁静协调，还要不受噪声影响。座位编排方式是形成教学环境的一个重要因素，与传统的教室座位编排不同，职业活动导向教学的教室座位布置形式可以不拘一格。在职业活动导向教学中，为了达到教学活动的相互作用，在座位的编排上更多地采取弹性化、多样化和多功能设计，为学生创造班集体教学、小组教学和个别教学为一体的班级教学组织环境。根据不同的教学内容和学习活动形式采用不同的教室作为布置形式。

2.4.4　实习基地资源开发

实习是实践性教学环节的重要组成部分，是学生从学校学习过渡到社会参加工作的重要环节，其目的是通过专业实践，使学生将所学的理论知识和专业技能正确运用于生产实际，从而巩固和充实理论知识，培养学生分析和解决实际问题的能力，为毕业后独立从事专业工作打下坚实的基础。给水与排水专业的实习包含：认识实习、技能实训、岗位实习、综合实习等环节。

1. 实习基地

认识实习的主要目的是使学生对本专业在实际中的应用有所了解，丰富学生的感性认识，开阔学生的眼界。认识实习通常安排在自来水厂、污水处理厂、建筑施工工地等进行参观。实际中由于学生缺乏专业知识，实习前要求教师做好实习动员工作和每次实习前的讲授，讲清楚实习报告的撰写要求及实习日记的记录要求。

技能实训是学生职业实践能力培养重要坏节，相关技能操作需要借助于实训室或实训车间进行练习或实训，并有相应的实训指导，实训课程的实施是从理论应用到实践的关键途径。

岗位实习可在市政工程工地、自来水厂、污水处理厂、建筑给水排水施工现场、工矿企业等单位进行。由于学生已经学习完专业课程，学生实习的积极性和自主性比较强，这对于学生向工作岗位过渡起到十分重要的作用。

特别是认识实习、岗位实习需要有相应的场所或单位给以必要的配合，否则，这些实习活动就难以落实。因此，校外实习基地是职业学校实践教学体系的一个组成部分，是为弥补校内实践教学设施的不足，完善实践教学环节而建立的。而如何获得校外实习资源是教师教学活动中的一项重要任务。为此，教师必须加强与给水与排水专业相关企事业单位的联系，与市政工程工地、自来水厂、污水处理厂、建筑给水排水施工现场、工矿企业等单位及有关人员进行有效的沟通和合作，以为学生获取必要的实习支持和帮助。为更有效开展课堂教学工作，教师也要关注行业发展，需多深入施工现场，了解市政施工领域新技术、新工艺、新设备、新材料、新仪器的发展趋势。

2. 实习的管理

实习前的准备方面，教师应制订详细、明确的实践教学目标与要求，指出相关的应遵循的实践学习程序，公布实践所需的前期知识，明确实践考核方法。

给水与排水专业实习教学考核方式上，建议使用结构分值方式，即20%实习日记、20%实习报告、20%现场考核和40%答辩式考试。答辩式考试可以让每个学生既参加答辩接受考核，又当评委，和指导教师一起对其他同学进行提问考核，按统一制定的评分标准给自己和其他同学打分，他们的分数和教师的分数各占一半，记为每个学生答辩式考试的成绩。

3 技能类课程教学主题及其分类

3.1 技能类课程教学主题

合理确定给水与排水专业课程教学主题是确保专业教学法正确选用的关键，也是为后续能针对不同的教学主题，应用恰当的教学法进行课堂教学的有力保证。由于中等职业学校给水与排水专业课程内容宽泛，涉及面广，其中不仅有公共基础课程内容又有技能类课程内容，如何合理确定给水与排水专业课程的教学主题，这是开展给水与排水专业教学法教学的一个十分重要的环节。本章主要叙述给水与排水专业技能类课程的教学主题的确定及其分类。

3.1.1 何谓给水与排水专业技能类课程教学主题

"主题"一词源于德国，最初是指乐曲中的主旋律，后才被广泛用于教学领域。在现代汉语词典中所说的"主题"是指对现实问题的观察、体验、分析、研究以及对材料的处理、提炼而得出的学习结晶。从教学的角度上来说，教学主题是教师构思课堂教学设计的基本依据和整体意图，是教学目标最主要的体现，也是课堂教学的"思想灵魂"，是教师个人实现其教学价值的核心，它具有独特的个体性。提炼出给水与排水专业技能类课程的教学主题不仅能提高课堂教学思想内涵，也能增强技能类课程教学的育人功能。构建以"教学主题"为中心的技能类课程教学模式，将更有助于给水与排水专业教学法有效进行。通过确定教学主题，教师可根据"主题"重新规划教材结构，进行实效化的教学环节设计，使教学逻辑严密而紧凑，学生依据"主题"可以实现互相交流，使学习有更加明确的突破方向和延伸空间。

但是，目前给水与排水专业技能类课程教学，大多教学主题不够明确，常常是知识的简单堆砌和解释，或是教师照本宣科，教师不能正确区分教学主题和教学重点、教学目标，认为讲清了重点就能达到教学效果，即使有时课堂教学中有"主题"，往往是定位不合理，或过简单，或过难，长此以往学生的学习兴趣和学习积极性被消磨，造成这一原因的关键在于教师对"主题"概念不清，教师的"主题"意识不够，教师"主题"定位策略失当。

3.1.2 技能类课程教学主题确定的基本原则

1. 教学主题要体现专业教学标准要求

为规范我国中等职业学校专业建设、专业教学以及进行专业评估，教育主管部门制定了相应的专业教学标准。该标准具体规定了专业培养目标、职业领域、人才培养规格、职业能力要求、课程结构、课程标准、技能考核项目等内容。给水与排水专业教学针对上述要求也制定了专业教学标准，标准中对专业课程内容也作了明确规定——即课程标准。所谓课程标准是政府对课程的基本规范和质量要求，是教材编写、教学、评价和考核的依据，也是教育行政部门管理和评价课程的基础，它体现专业教学的某一方面或某一领域对学生基本素质（知识、技能、态度）的培养要求。面对新的课程改革，对教师提出了新的要求和任务，教学主题的确定必须基于课程标准，而不能超越甚至是脱离课程标准。

2. 教学主题要依托教材内容

在给水与排水专业教学标准中，通过把工作任务分析的结果向专业课程的转化，具体来说就是将任务与职业能力分析的结果向专业（实训）课程的转化，从而形成了专业核心课程和专业方向课程两大技能类课程。这种以工作任务为中心选择和组织教学内容的课程也就是我们常说的任务引领型课程。在编写任务引领型课程的教学内容时，要紧紧围绕完成工作任务的需要来选择课程内容，它不求理论的系统性，只求内容的实用性和针对性。因此，我们在确定教学主题时，一定要依托任务引领型课程的教学内容，同时也要能够尽量多地涵盖所教学的内容，提炼与教学内容相匹配的教学主题，使教学主题的确定带有很强的目的性。

3. 教学主题要结合职业能力特点

给水与排水专业技能类课程无论是专业核心课程还是专业方向课程，多是建立在对任务与职业能力分析基础上形成的。强调课程设置与工作任务相匹配，按工作过程的需要来设计课程，它突出工作过程在课程框架中的主线地位。在以任务和职业能力来整合理论与实践结合时，其教学主题的确定一定要从岗位需求、职业能力出发，尽早让学生进入工作实践，为学生提供体验完整工作过程的学习机会，尽可能选择以能力为基础而不是以知识为基础的教学主题内容，围绕掌握职业能力来组织相应的知识、技能和态度，设计相应的实践活动，使教学主题与专业领域的新知识、新技术、新工艺和新方法相结合。

4. 教学主题要符合学生的需求

教学主题的确定必须基于学生的实际需求，这是由给水与排水专业教学标准的教学理念所决定的。学生是课堂的主体，从学生的实际情况出发，设计符合学生需求的教学主题是教学的基本出发点。

著名教育家陶行知说过："不了解学生，就是不了解问题所在，也就是不懂得教育。"

学生的需求，是形成教学主题的主导因素。为使教学主题的确定能符合学生的需求，要注意以下四个方面的要求：

（1）要适合学生的认知能力，能够实现学生在教学主题引导下积极参与课堂教学，实现教学内容向学生认知的转化；

（2）能激活学生学习兴趣，能激发学生探索专业主题内容的强烈欲望，促使学生主动参与课堂教学；

（3）主题必须具有内涵，必须经过一定思考和探究的过程，并不是早已知晓或一看便知的，应具有一定的课堂探讨价值和具备可探究的空间；

（4）要与学生学习实际和职业能力实际相结合，使教学主题有很好的现实性。

3.2 技能类课程教学主题的分类

最传统的教学主题的分类完全是基于给水与排水专业的教学内容，从专业学科体系出发，结合教学内容本身的特点来进行分类的，如：

1. 工程施工设计与水处理技术类教学主题；

2. 工程施工与水处理工艺类教学主题；

3. 设备技术和设备管理及维护类教学主题。

这种从施工设计—工艺—设备—管理的教学主题的确定方法，在专业教学法的选择上常常采用的是一种归纳、演绎、分析、综合的方法。最近 10 多年来，由于新的专业教学法如项目教学法、案例教学法、模拟教学法等的引入，使得在教学主题的选择上也发生了很大变化，任务引领型课程结构的出现，对技能类课程教学主题的确定，就应紧紧围绕教学主题确定的四个基本原则，结合给水与排水专业教学标准所设置的任务引领型课程即专业核心课程与专业方向课程实际情况（图 3-1）进行分类。从当今的给水与排水专业职业岗位对知识、技能与态度的要求看，是多方面的，不仅要有正确的世界观、人生观、价值观而且要有良好的人际交往、团队合作能力；不仅要有法制意识，职业道德，诚实守信，责任意识，吃苦耐劳精神而且要有基本的实践动手能力、分析和解决问题能力和创新意识；不仅要有安全生产、环境保护、建筑节能意识而且还要有初步应用计算机处理日常工作信息的能力；不仅要有识读给水排水工程施工图的能力而且还要求有 CAD 绘制给水排水工程图的能力和工程测量的基本能力。再从给水与排水专业职业岗位的要求看，无论是给水排水工程施工职业岗位还是水处理与泵站操作职业岗位，由于岗位的职业能力不同，其教学主题的选择就会有很大区别，例如对给水排水工程施工来说，给水与排水工程专业相关的操作规范（或规程）、施工组织和施工方案编制、给水排水工程现场常见技术问题处理、施工质量控制和检查等内容，对学生来说就显得特别的重要，选择这方面的内容作主题就较为合适。对水处理和泵站操作职业岗位来说，水质分析与检测、水泵与泵站的基本操作和管理、水处理及水厂运行工艺操作、污泥处理工艺操作、工业污水处理工艺操作等是非常重要的，选择这方面的内容作教学主题就显得比较合适。本章对给水与排水专业技能类课程的教学主题进行了分类，如图 3-1 所示。

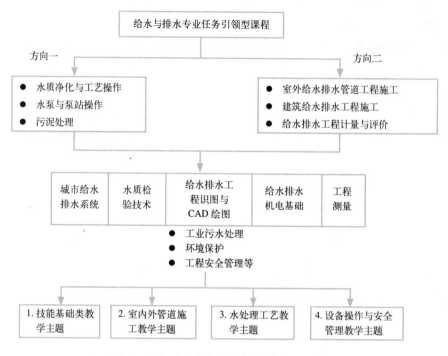

图 3-1　给水与排水专业技能类课程教学主题的分类

从图 3-1 上可看出，给水与排水专业技能类课程的教学主题可分成四大类，分别是：

（1）技能基础类教学主题；

（2）室内外管道施工类教学主题；

（3）水处理工艺类教学主题；

（4）设备操作和安全管理类教学主题。

上述分类方法主要基于给水与排水专业任务引领型的课程体系，从给水与排水专业两个专业方向出发，对整个给水与排水专业的核心课程作了全面的分析，并结合教学主题选择的基本原则，形成了四大类教学主题。下面就这四大类教学主题分别进行分析。

3.3　技能基础类教学主题及其分析

给水与排水专业技能基础类课程主要包括给水与排水专业公共基本知识、专业基础理论和专业基本技能三部分，其作用是让学生掌握给水与排水专业基本知识和专业基础理论和基本技能后，能为发展专业能力打下良好技能基础。

但由于给水与排水专业技能基础类课程内容丰富，知识点多，随专业的不同其职业能力要求也不同，因此对技能基础类课程教学主题的确定，应以"基础"为核心，以"职业能力"为主线，结合相应的教学目标，对技能基础类课程教学主题作出相应的选择。我国中等职业学校给水与排水专业技能基础类课程基于任务引领型课程模式，一般可分为三类：

(1) 公共基础知识类课程；

(2) 专业基础理论类课程；

(3) 专业基本技能类课程。

就这三类课程的教学主题进行以下分析：

1. 公共基础知识类

该类课程一般由学校面向全体学生统一开设，目的是提高学生的综合素质，加强学生的人格修养，扩大学生的知识面，培养学生的一般能力，如思维能力、语言能力、写作能力、计算机应用能力等，为学习后续课程打下牢固的基础。中等职业技术学校的公共基础知识类课程一般包括语文、数学、外语、政治、法律基础、计算机应用和体育等，由于其很强的公共性而无鲜明的技能性，本章对此类课程的教学主题将不予讨论。

2. 专业基础理论类

该类课程是为学生顺利学习专业知识和掌握必要专业技能所必需的理论基础，对培养学生理论素质，逻辑思维，分析问题与解决问题的能力有着十分重要的作用，并为学生将来解决工程技能方面的实际问题作好必要的理论准备。给水与排水专业基础理论教学可分为：

● 与"水"的流动性和控制相关的基础理论课程，如水力学、水泵与泵站、电子电工学等；

● 与"水质"相关的基础理论课程，如普通化学与水化学、水处理微生物学等；

● 辅助类基础理论课程，如工程力学、工程材料、建筑结构等。

对这类课程教学主题的选择，应首先考虑到在这部分内容中最集中、最明显地反映"基础"的部分是什么？是"水"还是"水质"或者是"水和水质"的组合，这一点是至关重要的，它会直接影响到选题的合理性，其次就是这个主题与职业能力的紧密性如何，尽可能避免选择那些纯理论性的教学主题，这会造成后续无从选择与之相应的教学法。

3. 专业技能基础类

该类课程通常交叉以专业核心课程中的一组课程。该课程既含有部分理论知识，又与工程实践密切相连，对于培养具有综合素质和实践能力的一线技术人才有着十分重要的作用。给水排水工程专业技能基础课程与工程实际紧密相连，具有很强的实用性和技能性。同时，随着社会的发展，科学技术的进步，其专业技能基础课程的覆盖面又在不断地扩展。技能基础课程的体系、内容是否合理，对于巩固基础知识，学好专业技能至关重要。为此，给水与排水专业技能基础类课程可以分为两大部分：

● 与专业直接相关的技能基础类课程，如 CAD 绘图、水环境监测和工程测量等；

● 与专业拓展相关的技能基础类课程，如定额与预算、施工组织、项目管理概论等。

对这类课程教学主题的确定，应密切注意教学主题与职业岗位能力的结合程度，尽可能使得选择的主题覆盖面宽，让学生能有更多的获得技能的机会；对选取的任意一个教学主题，无论是来自专业核心类课程还是来自专业方向类课程，都应该能让学生通过对主题的分析和理解，在相应专业教学法的引导下，得到很好的技能训练。

3.4 室内外管道施工类教学主题及其分析

3.4.1 室内外管道施工类教学主题分类

室内外管道施工类课程是给水与排水专业施工方向类重要课程之一。该类课程主要包含了四大类课程内容，分别是排水工程、给水工程、室内给排水和给排水工程施工等。这四部分课程内容，不仅教学内容丰富，而且课程教学的应用性强。学好这部分内容，对学生技能的训练和提高，有非常直接的关系。随着人们生活水平的不断提高，对水环境质量、供水水质，水量、水压、水温和供水的安全程度、给水排水的可靠性以及防震、防噪、环境卫生等方面也提出了更高的要求。为此，学生在学习给水排水工程施工方面的知识时，除了学习工程施工和材料选择等方面的内容外，还需要认真学习管道施工安装过程中质量保证方面的内容。目前的给水与排水工程施工类课程已将施工过程的质量保证问题也纳入了其中。针对这一教学实际，我们对施工类教学主题的选择更要突出与职业能力的结合，为此，将给水与排水工程施工类课程教学主题确定为三类：

（1）室外给水排水管道施工类教学主题；

（2）水处理构筑物施类教学主题；

（3）室内给水排水管道施工类教学主题。

下面就上述三类教学主题作一简单举例分析。

3.4.2 室内外管道施工教学主题分析

1. 室外给水排水管道施工类

这类教学主题，它主要以工程力学、工程材料、工程测量等专业基础课程为基础，以给水工程和排水工程专业课程的学习为前提，围绕土方工程、室外给水排水管道各种施工和质量检验及验收开展教学。室外给水排水管道施工教学主题的重要内容是施工方法和施工工艺。例如：室外开槽施工工艺，见图 3-2；室外管道基础的施工方法，见图 3-3；管道的 T 形滑入式连接方法，见图 3-4。从这三个非常典型的室外给排水管道施工教学主题的案例中看出，要使这部分内容让学生接受，教学方法的合理选择很重要。

2. 水处理构筑物施工类

这类教学主题，它主要以水力学、水处理微生物学及工程材料、工程测量等专业基础课程为基础，以泵与泵站、给水工程和排水工程专业课程的学习为前提，围绕给水处理和污水处理工艺构筑物、水泵站的施工方法、施工工艺、施工组织、设备安装和质量检验及

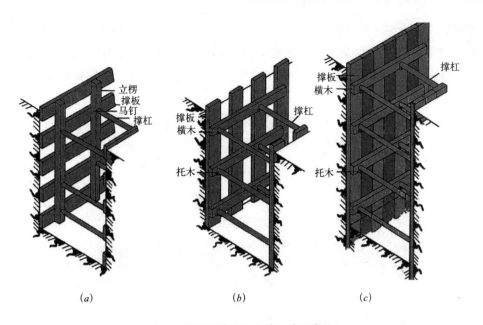

图 3-2 室外开槽施工支撑组成示意图

(a) 横撑（疏撑）；(b) 竖撑（疏撑）；(c) 竖撑（密撑）

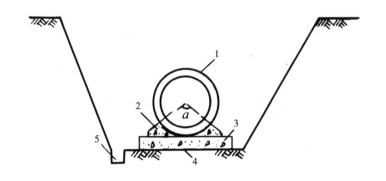

图 3-3 室外管道基础示意图

1—管道；2—管座；3—管基；4—地基；5—排水沟

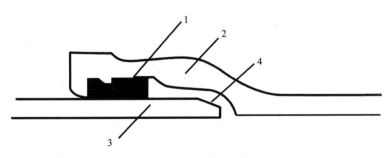

图 3-4 T形滑入式接口

1—胶圈；2—承口；3—插口；4—坡口（锥度）

验收开展教学。大型水处理构筑物和泵站绝大多数都采用钢筋混凝土结构，水处理构筑物和泵站土建工程施工，这类教学主题的案例，例如，图3-5水处理构筑物土建工程施工，图3-6污水泵房施工，对这两个典型教学主题的案例，在教学法的选择上同样要引起注意。

图 3-5   水处理构筑物土建工程施工

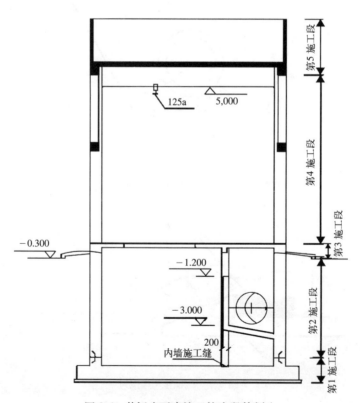

图 3-6   某污水泵房施工流水段的划分

3. 室内给水排水管道施工类

这类教学主题，它主要以水力学和工程材料等专业基础课程知识为基础，以建筑给水与排水专业课程为前提，围绕室内给水系统、排水系统和消防水系统施工开展教学。以室内给水排水管道支架为例，代表性的教学内容包括管道的固定和支承、给水系统的安装、消防给水系统的安装和各种阀门及其附件的安装。各项教学内容见示意图 3-7 ～图 3-10。

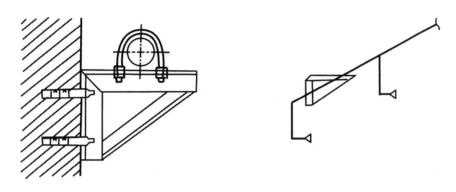

图 3-7　室内给水排水管道支架示意图

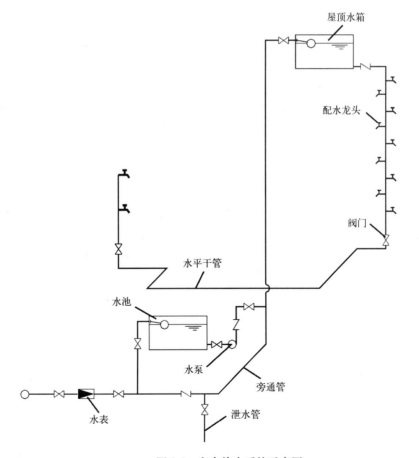

图 3-8　室内给水系统示意图

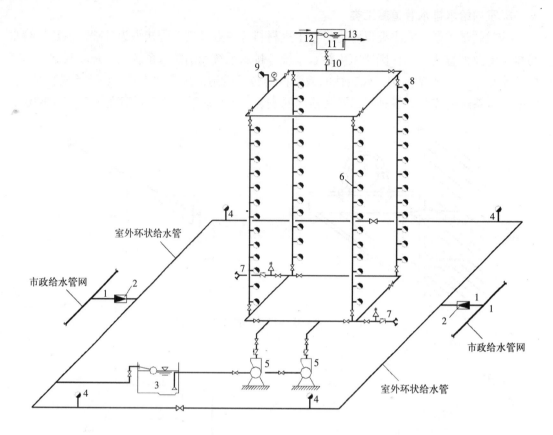

图 3-9　建筑消火栓系统组成示意图

1—引入管；2—水表井；3—消防贮水池；4—室外消火栓；5—消防泵；6—消防管网；7—水泵接合器；8—室内消火栓；9—屋顶试验用消火栓；10—止回阀；11—屋顶水箱；12—水箱进水管；13—生活用水出水管

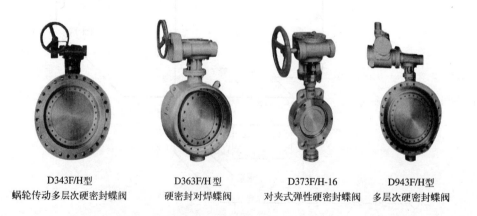

| D343F/H型 | D363F/H型 | D373F/H-16 | D943F/H型 |
| 蜗轮传动多层次硬密封蝶阀 | 硬密封对焊蝶阀 | 对夹式弹性硬密封蝶阀 | 多层次硬密封蝶阀 |

图 3-10　各种蝶阀图片

3.5 水处理工艺类课程教学主题及其分析

3.5.1 水处理工艺类课程教学主题分类

水处理工艺类课程是给水与排水专业重要的水处理专业方向课程。对这类课程的教学，通常是以水力学、水化学及水处理微生物学等专业方向课程为基础，以水泵与水泵站、给水工程和排水工程等专业核心课程的学习为前提，围绕给水处理和污水处理工艺构筑物、水泵站的施工方法、施工工艺、施工组织、设备安装和质量检验及验收开展教学。因此，水处理工艺类课程教学主题可以选择以下三类：

(1) 水质分析及监测方法类；

(2) 水处理技术类；

(3) 水处理系统的运行管理等。

下面对上述三类教学主题作一简单分析。

3.5.2 水处理工艺类课程教学主题分析

1. 水质分析及监测方法类

这类主题主要是以化学基础、水化学等基础类课程为基础，让学生学会水质物理、化学指标的检测，掌握分析化学指标、毒理性指标的相关实验方法和检测手段。学生通过这类教学主题的学习，能具备对各种水质进行检验及检测的技能，学会使用各类常规仪器设备，并对各类水样水质作出正确的检验结果的评价。能进行自来水厂和城市污水处理厂化验室的日常管理工作。例如，浊度、色度、悬浮物、嗅味等物理指标分析与检测；总碱度、总酸度、生化需氧量等化学指标的分析与检测；基的配制、消毒与灭菌、水样采集、细菌总量测定等卫生细菌学指标分析与检测等；甚至通过这类教学主题的教学，能让有能力的学生达到中级水质检验工的岗位要求。

2. 水处理技术类

这类教学主题应以水力学、微生物学和化学等基础类课程为基础，围绕水处理的物理、化学和生物过程组织教学，紧密结合水处理中的沉淀工艺、生化处理工艺、曝气设备等，使学生能了解与水处理工艺相关的水处理技术基本原理，如地下水给水处理、地表水给水常规处理、给水深度处理等处理工艺及运行原理。对这类教学主题的典型案例，例如，运行中的给水和污水处理沉淀池见图3-11；CASS活性污泥各阶段工艺过程见图3-12；活性污泥反应器中的空气扩散装置见图3-13。

图 3-11 运行中的给水和污水处理沉淀池

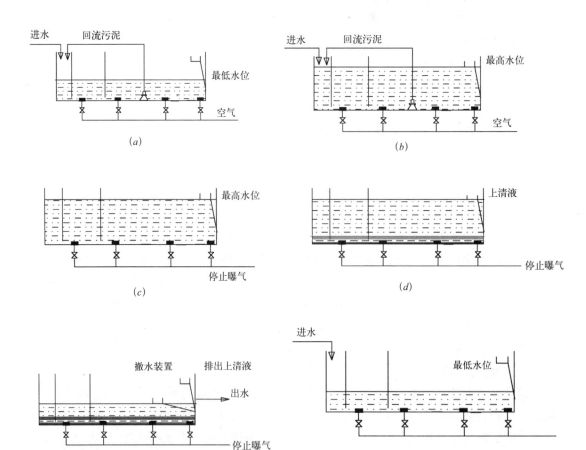

图 3-12 CASS 活性污泥工艺过程图

(*a*) 进水、曝气阶段开始；(*b*) 曝气阶段结束；(*c*) 沉淀阶段开始；(*d*) 沉淀阶段结束，撤水阶段开始；
(*e*) 撤水阶段及排泥结束；(*f*) 进水、闲置阶段

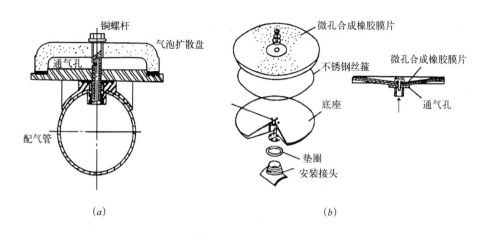

图 3-13 活性污泥反应器中的空气扩散装置

(a) 固定式钟罩型微孔空气扩散器；(b) 膜片式微孔空气扩散器

3. 水处理系统的运行管理类

在确定水处理工艺类课程教学主题中，还要特别注意水处理系统的运行管理，这类教学内容所反映的教学主题也是综合性的。教学中不仅要让学生掌握水处理的技术和工艺构筑物的简单设计，还要围绕水处理的工艺运行参数、水处理设备性能、机电运行控制等内容组织教学。对这类教学内容，一般也可选取一些合适的教学主题来考虑，如水处理系统的运行管理类教学主题。通过对水厂运行、水处理设备运行、机电控制运行等教学主题的教学，使学生进一步了解水处理工艺原理、过程和机理；在理论和实践上，让学生更深入地了解水处理技术各种物理、化学和生物过程以及水处理系统的运行管理。这类教学主题的典型教学案例，例如，给水厂浓缩池的运行管理、污水处理厂沉淀池的运行管理等。

3.6　设备操作及安全管理类课程教学主题及其分析

给水排水工程的工艺构筑物是基础，设备是关键。给水排水工程的正常运行需要各种工艺设备、机电设备和控制设备共同完成。目前，给水排水工程运行中，常见设备可分为三类：

（1）水输送设备；

（2）处理实现设备；

（3）监测控制设备。

设备操作及安全管理类教学主题，涉及面尤其广泛。本章对给水排水工程施工和安装过程的设备设计、设备原理等问题不予讨论，主要围绕给水排水工程运行的设备操作和安全管理类课程教学主题进行分类并作简单的分析。

3.6.1   设备操作及安全管理类课程教学主题分类

常见的三类设备中，水输送设备主要指各类水泵；处理实现设备就是通常所说的工艺设备，主要是鼓风机、搅拌器、刮泥机、过滤器、气浮、隔油、冷却塔和一些工业水处理设备等；监测控制设备是指包括水量计量、水质监测、工艺运行参数的监测和控制设备等。可见，给水与排水专业的课程教学中将遇到大量的施工及水处理设备问题，设备的合理操作和安全管理是教学中特别重要的内容之一。因此，正确选择设备操作及安全管理类教学主题是十分重要的。对这类教学内容的教学主要以电工、水泵与泵站专业技能基础课程为基础，以水泵运行与维护、室内消防用电设备、水厂运行电气设备操作、安全生产管理和劳动保护的技能课程的学习为前提，围绕给水排水行业中主要用电设备的应用、操作、维护以及劳动安全生产开展教学。为此，将设备操作与安全管理类教学主题分为四类：

(1) 电工应用及电气设备类；

(2) 水泵运行与维护类；

(3) 水厂设备控制与操作类；

(4) 安全生产管理类。

下面对上述四种教学主题作一简单分析。

3.6.2   设备操作与安全管理类课程教学主题分析

1. 电工应用及电气设备类

这类教学主题主要使学生熟悉并掌握给水排水工程中供配电施工基本知识的同时，培养学生独立分析能力。通过这类课程的学习，主要了解我国目前给水排水系统的电气设备、线路及装置的安装。使学生具备实施给水排水电气设备安装施工方面的能力，以及获得学习后续专业核心课程所必需的电工基本操作技能。传统的课堂教学方式往往侧重于理论知识的传授，而忽视分析问题能力的培养，而这种能力的培养对于后续的水电综合类课程学习又是至关重要的。因此，如何在课堂教学中培养学生分析问题、解决问题的能力是十分重要的。

2. 水泵运行与维护类

水泵运行与维护在给水排水中应用十分广泛。选择水泵运行与维护类教学主题，它让学生能了解到各类常用水泵的类型和结构、水泵的性能，并进行操作和使用。同时通过分析水泵常见故障，能对水泵的简单故障进行排除。通过对这类主题的学习，可对水泵进行日常维护和运行管理。

3. 水厂设备控制与操作类

水厂设备的正确控制与操作是中等职业学校学生技能培养的重要环节，选择水厂设备控制与操作作为教学主题是让学生能了解污水处理厂和给水厂中常用电气设备及仪器的使用，识别各类设备的型号，能理解和分析参数和数据，掌握设备和仪器的正确使用及操作流程和方法，可独立进行现场管理和控制。

4. 安全生产管理类

随着给水排水设施在国民经济中的地位和作用日益增强，安全生产管理问题，越来越引起人们的高度重视，因此需要对给水与排水专业的学生进一步加强安全生产管理意识的教育。选择安全生产管理类课程作教学主题，对提高给水与排水专业毕业生将来从事给水排水工程施工的安全生产和文明施工管理水平，有效预防伤亡事故的发生具有很大的作用。主题应选用大量的案例，详实地分析给水排水工程施工、操作、维护中伤亡事故类别及其产生原因，同时也应对事故发生的主要部位和预防措施进行深入地介绍和分析。为调动学生的学习兴趣，积极引导学生掌握有关安全管理的基本内容，熟悉各部分工程安全措施，熟悉各施工机械设备的操作规范，了解职业卫生的防治措施，使给水排水施工安全事故率降至最低。

4 技能基础类课程教学主题的教学法及其应用

4.1 技能基础类课程教学特点和教学目标

4.1.1 技能基础类课程教学特点

所谓技能基础类课程，正如第 3 章中所述，是指为培养学生基本技能所必须具备的专业基础理论、专业基本技能类等方面的课程。从课程结构上看，主要指专业基础理论类课程和专业技能基础类课程两个方面，是专业核心课程的重要组成部分。对这类课程的教学，在中等职业学校中更多的是强调与培养学生的职业能力相结合的教学。为此，正确处理好"技能基础与职业能力"之间的关系是组织好这类课程教学的关键。但是，技能基础类课程不同于一般的学科基础课程，它是重在"技能"背景下的"基础"类课程。这就需要教师在正确的教学目标下，加强与给水排水行业、企业的紧密合作。在任务引领型课程框架下，使技能基础类课程在内容上要相互依托，相互渗透，紧密联系，有针对性地为培养学生职业能力打下良好的"技能基础"，并为学生学好后续的专业技能类课程建立良好的学习基础。

给水与排水专业技能基础类课程的一个显著的特点就是其内容逐步与职业技能紧密联系。因此，教师在进行技能基础类课程的教学过程中，要高度重视对学生技能教育和专业兴趣的培养，始终将技能基础类课程视为对学生开展技能教育和培养专业兴趣的良好载体。例如，在给水排水工程施工或水处理工程中会遇到大量的测量问题，对这类"工程测量"问题，教师在教授给水与排水专业"工程测量"这门重要的技能基础类课程的同时，还应将与给水排水管道工程施工的内容结合起来，使学生对定位放线、抄平和复核等知识有一个清晰的认识，同时对将来有可能从事的给水排水管道工程施工岗位有一个初步的了解。这样，学生不仅学到"测量技能"，同时也得到了关于"技能教育和专业兴趣"的培养。

给水与排水专业技能基础类课程由于其较强的应用性和较宽的适用性，使某一门技能基础课程往往可适用于多个职业岗位（或工种）的学习，如在给水排水工程施工中的管道工、施工员、顶管操作工等工种都必须要求掌握工程识图的相关知识。这就意味着学生掌握了这门课程内容之后，对于学生学习和了解其他相关的工种均提供了方便，这样也可使学生在职业能力培养上有更多的选择。所以说，技能基础课直接影响学生专业意识的形成和职业选择鉴别能力的提高。承担技能基础类课程教学的教师，应当适时把握学生的成长轨迹和能力性格的特点，以便在第二学年结束时为其确定岗位目标提供指导。

4.1.2　技能基础类课程教学目标

从第 3 章中可看出，技能基础类课程主要指专业基础理论类与专业技能基础类两部分课程组成。从课程内容上看，如专业基础理论类课程－水力学、水泵与泵站、电子与电工、水力学、水化学以及水处理微生物学；如专业技能基础类课程 CAD、水环境监测、工程测量、施工组织等课程；从教学目标上看，学生通过对这两大类课程学习，能使自己成为在生产第一线从事给水排水处理、泵站操作及给水排水工程施工的初、中级应用型技能人才。但因为无论是专业基础类课程还是专业技能基础类课程，每个专业方向上所对应的专项岗位工种却又很多，而且每个职业岗位所具备的技能基础要求又很宽。表 4-1 列举了中等职业学校给水与排水专业学生可能的就业岗位和从事此项工作应具备的专业基础理论知识和技能基础。从表 4-1 中可看出，表中所涉及的专业基础理论知识和技能，必将通过技能基础类课程的教学得以实现，所以中等职业学校给水与排水专业应根据自身的办学条件和生源情况，围绕专项的就业岗位群来构建给水与排水专业基础理论与专业技能基础类课程，而每个岗位群所对应的技能知识与技能要求，也正是专业技能基础类课程的教学目标。

中等职业学校给水与排水专业就业岗位及职业资格情况表　　　表 4-1

专门化方向	就业岗位/职业资格	颁证部门	应具备的基本专业知识和技能
水处理与泵站操作	污水处理工	劳动与社会保障部门	水处理工艺的基本理论、基本知识 水质分析与检测能力 水泵与泵站的基本操作和管理能力 水处理及水厂运行工艺操作能力 污泥处理工艺操作能力 工业污水处理工艺操作能力
	泵站操作工	劳动与社会保障部门	
	水质检验工	城市供水行业协会	
	污泥处理工	市政工程行业协会	
	污水化验监测工	市政工程行业协会	
给排水工程施工	测量工	劳动与社会保障部门	给水排水工程施工工艺和技术的基本知识 运用给水排水工程专业相关的操作规范（或规程）进行施工的能力 进行给水排水工程施工组织和编制施工方案的能力 处理给水排水工程现场常见技术问题的能力 对给水排水工程的施工质量进行控制和检查的能力
	管道工	劳动与社会保障部门	
	施工员	市政工程行业协会	
	顶管操作工	市政工程行业协会	
	土建CAD绘图员	劳动与社会保障部门	

表 4-1 中所列的就业岗位属于必须持证上岗的职业，即都要经过相应的职业技能鉴定、取得职业资格后才能上岗。这里特别要注意的是，职业技能鉴定是实行政府指导下的社会化管理体制，即按照国家法律政策，在政府劳动保障行政部门领导下，由职业技能鉴定指导中心组织实施的，并由职业技能鉴定所（站）对劳动者技能水平实施鉴定。表 4-1 中所列出的职业资格，分别由劳动与社会保障部门、市政工程行业协会和城市供水行业协会等相应部门通过对考试者进行职业知识、操作技能和职业道德三个方面考核，成绩合格后才具备上岗资格。一般来说，给水与排水专业的中等职业学校毕业生均具备申报取得初级职业资格的条件。

给水与排水专业技能基础类核心课程是培养学生专业能力的主导课程，它的设置应符合给水与排水专业就业岗位及职业资格中所要求具备的基本专业知识和技能。因为这直接关系到学生毕业能否就业，就业能否上岗，以及上岗后的发展问题。因此，专业技能基础类核心课程的开发应立足于真实再现岗位工作情境这个基本要求，才有可能培养出符合岗位要求的合格学生。任务引领型课程或项目型课程是目前专业技能基础类核心课程开发最行之有效的做法。任务引领型课程的开发是一项开创性的工作，它对推动专业技能的培养具有很好的现实意义。

4.2　技能基础类课程教学主题及其分析

4.2.1　技能基础类课程教学主题分类

技能基础类课程教学是实现专业培养目标的基础，构建技能基础类课程教学平台，对专业教学和实现专业培养目标具有十分重要的意义。对于给水与排水专业，技能基础类课程的教学目标是为给水与排水专业的专业技能学习打基础，技能基础类课程的教学目标是否准确，直接影响该专业培养目标的实现。因此，技能基础类课程教学具有十分重要的地位。将课程与培养目标以及基础知识与专业能力有机地结合，不追求学科的系统性和完整性，而是根据培养目标的能力因素和知识需求，筛选出与培养职业能力直接有关并且使用频率较高的技能基础知识，配合实践性教育环节，形成一个以综合能力培养为主体，突出技能和岗位要求为目的课程教学体系。基于这个原因，给水与排水专业技能基础类课程教学主题可选择为以下三类：

（1）制图基础与计算机绘图类教学主题；

（2）工程力学与水力学类教学主题；

（3）工程测量类教学主题。

下面对这三类教学主题进行一些分析。

4.2.2 技能基础类课程教学主题分析

1. 制图基础与计算机绘图类教学主题

制图基础与计算机绘图类课程教学主题，包括画法几何、制图基础、给水排水工程图识读、CAD 绘图、计算机制图等课程，不同的中职校选择的课程也有所不同。这类教学主题的主要内容是学习制图基本知识、投影原理与作图、建筑制图以及给水排水施工工程图。掌握 AutoCAD 软件的操作方法，熟悉并正确使用各种绘图、编辑、尺寸标注等命令进行工程图样的绘制。

这类课程的教学目的是使学生掌握制图的基本原理和方法、基本的绘图技能以及掌握制图的基础知识和相关的国家制图标准，培养学生具有一定的空间想象能力、形象思维能力，初步形成运用制图知识解决工程实际问题的能力，具有绘制和识读一般建筑施工图的能力。为学习专业知识和职业技能打下基础。本类课程内容较多，其中给水排水工程图识读是与专业课程密切相关的核心内容之一，也是难度最大、综合性最强的内容（图 4-1），识读水泵、电机等给水排水常用机械的剖面图和断面图对于了解它们的性能会起到很大的帮助作用，在制图基础与计算机绘图类课程教学主题的课程里适当地让学生接触一些简单的给水排水管道工程图或水处理构筑物工程图，对后续专业课的学习打下良好的基础。

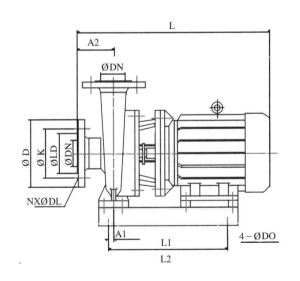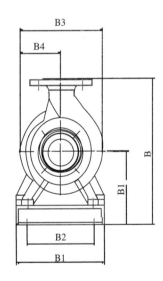

图 4-1 水泵结构图

因此，掌握看图要领和正确的看图方法、熟练掌握相关知识是看图的基础。给水排水工程施工方向的工作岗位尤其是土建 CAD 绘图员对此类课程的掌握程度要求较高。

2. 工程力学与水力学类

工程力学与水力学类课程教学主题，其主要内容是包含两大部分：

第一部分是工程力学，主要学习静力学基本概念，平面一般力系，空间力系轴向拉伸与压缩。领会力系简化与静力平衡条件；领会杆件和杆件体系关于强度和稳定性方面的基本知识；领会分析简单杆件结构的内力计算知识；了解简单超静定结构的内力计算知识；了解静定结构位移计算的知识。解决力学问题时，首先要选定需要进行研究的物体进行受力分析，即选择研究对象并根据已知条件、约束类型并结合基本概念和公理，分析其受力情况、画物体受力图，包括：①选研究对象；②取分离体；③画上主动力；④画出约束反力（图4-2、图4-3）。

通过对工程力学这类课程教学主题的学习，使学生领会力系的简化与静力平衡条件及与外力之间的关系，领会杆件和杆件体系关于强度、刚度稳定性基本知识，具有一定的强度计算能力。了解如何根据管道材质及管径，确定支架间距，根据管道敷设方式及标高等，确定支架类型及尺寸并测算出所需支架的数量。

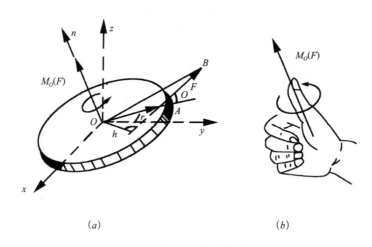

(a)   (b)

图4-2　右手法则

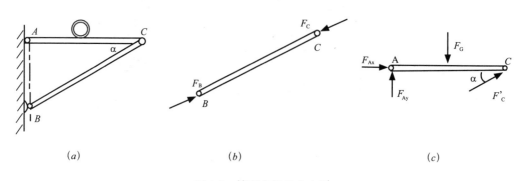

(a)   (b)   (c)

图4-3　管道支架受力分析

第二部分是水力学，主要学习静水力学中静水压强及其特征、基本方程式；静水压强表示方法，作用在平面、曲面壁上的静水总压力；液体运动的基本概念、恒定流连续方程、能量方程、动量方程；流动阻力和水头损失，孔口、管嘴出流和有压管流，明渠水流和堰流等基本知识。

通过这类课程的学习可以使学生领会静水力学基本概念、基本特征、掌握有压管流水力计算和无压均匀水流计算，如串联管路和并联管路水力计算是给水排水学生学习的重点（图4-4、图4-5）。掌握液体运动的一般规律和相关的基本概念与基本理论，学会必要的分析计算方法和一定的实验技术，为专业技能课的学习、解决工程中水力学问题、获取新知识和进行一定的实验研究打下必要的基础。给水排水工程施工方向的工作岗位尤其是给水排水施工管道工、施工员、顶管操作工等，对掌握此类课程教学主题更为重要。

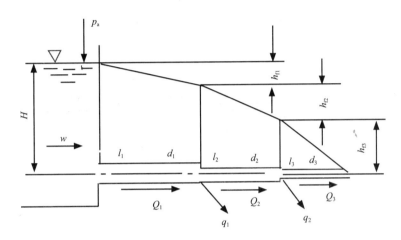

图 4-4　串联管道水力计算

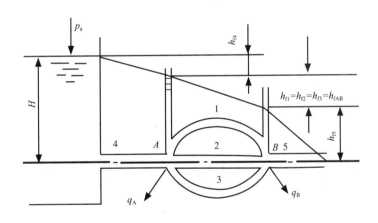

图 4-5　并联管道水力计算

3. 工程测量类教学主题

工程测量类课程教学主题，其主要内容是了解常规测量仪器水准仪、经纬仪的使用方法；领会普通测量如水准测量、角度测量、直线丈量和定向的基本理论方法；领会建筑施工测量、小地区平面控制测量、地形图的测绘、管道工程测量的基本理论和方法。

通过这类课程的学习，其目的在于使学生领会常规测量仪器的构造和使用方法，具备常用测量仪器的操作应用能力；了解误差的基本知识。具有建筑工程施工、管道工程施工定位放线、抄平和复核工作能力。给水排水工程施工方向的工作岗位尤其是给水排水施工测量员对此类课程的掌握程度要求较高。

管道施工测量的主要任务是根据设计图样的要求，为施工测设各种标志，使施工人员便于随时掌握中线方向和高程位置。管道施工测量包括施工前的测量工作（图4-6）、槽口放线（图4-7）、坡度控制标志的测设（图4-8、图4-9）等内容。

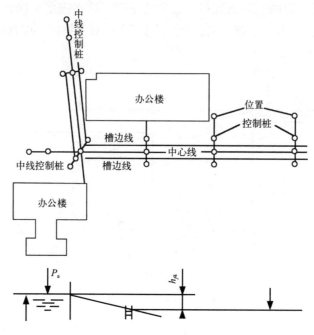

图4-6　施工前的测量工作

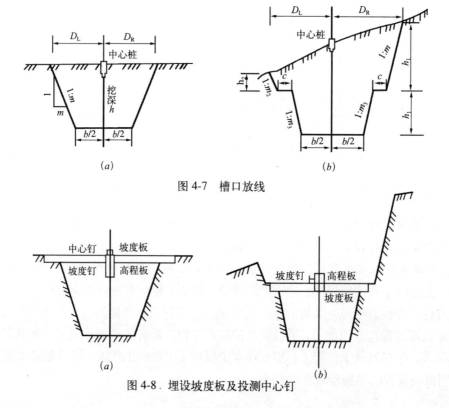

图4-7　槽口放线

图4-8　埋设坡度板及投测中心钉

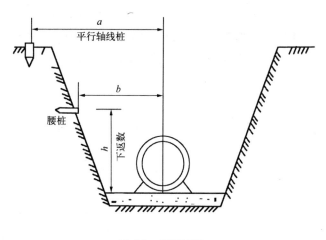

图4-9 测设腰桩

4.3 技能基础类课程教学主题的教学法分析

现代职业教育的教学行动，以专业所对应的典型的职业活动的工作情境为导向。这意味着，职业教育的教学行动应以情境性原则为主、学科性原则为辅。这里的情境是指职业情境，有别于采取理论导向的学科体系下的教学情境，这种采取行动导向职业情境下的教学体系即为行动体系。

从这里可看出，职业教育的教学是一种"有目标的活动"，即行动，它强调"行动即学习"。在行动导向的教学中，学生是学习的行动主体，以职业情境中的行动能力为目标；以基于职业情境的学习情境中的行动过程为途径；以独立地计划、独立地实施与独立地评估自我调节的行动为方法；以师生及学生之间互动的合作行动为方式；以强调学生自我构建的行动过程为学习过程；以专业能力、方法能力、社会能力整合后形成的行动能力为评价标准。

在教学组织和实施手段上应以"学生为主体"作为基本教学策略。现代职业教育的教学方法，应由归纳、演绎、分析、综合等传统的以讲授为主的方法向案例教学法、实验教学法、项目教学法、模拟教学法、引导文教学法等行动导向的方法转换。这就要求行为导向教学法在教学时间分配上要控制教师讲授的时间，更多的是引导学生去动脑、动手。无论是案例教学法、项目教学法，还是模拟教学法在教学设计和教学过程中，教师心中应有学生，要相信学生、尊重学生，课堂充分互动，把更多的时间给学生，让学生在课堂上有自主学习和操作练习的机会。

教学内容的组织，应由传统的理论与实践割裂的方式向理论与实践一体化的方式转换；教学场所的空间，也应由传统的单功能的理论课堂，向多功能的一体化专业教室，即兼有理论教学、小组讨论、实验验证和实际操作的教学场所转换。

基于上述情况的考虑，对给水与排水专业技能基础类课程教学主题的教学法，应向案例教学法、实验教学法、项目教学法、模拟教学法、引导文教学法等行动导向的方法转移。教师应该针对不同专业特征、课程结构、教学目标以及教学要求选择相应的教学方法。下面就给水与排水专业技能基础类课程的三大教学主题，分别以案例教学法、实验教学法以及项目教学法为例进行专业教学法介绍。

4.3.1 制图基础与计算机绘图类教学主题案例教学法

案例教学法也叫实例教学法或个案教学法，是一个较为复杂的教学引导过程，是指在理论教学的基础上，根据教学内容和教学目标的需要，就某个现实的问题提供情况介绍，指出面临的困境、几种选择或已做出的行为，引导学生来对这些困境、选择或行为进行分析、讨论、评价，提出解决问题的思想和方法；对已经做出的行为进行肯定、比较、矫正，从而提高学生分析和解决问题的能力的一种教学方法。案例教学法学习中的首要任务是发展解决问题的理念。而实践过程是最有可能发现各种问题的有效途径，学习者既要学会发现问题和分析问题的能力，又要学习与团队合作来共同解决问题的能力。案例教学法能创设一个良好的宽松的教学实践情景，把真实的典型问题展现在学生面前，让他们设身处地地去思考、去分析、去讨论，对于激发学生的学习兴趣，培养创造能力及分析、解决问题的能力极有益处。

对于制图基础与计算机绘图这类教学主题，包含的教学内容较多，不同的内容、不同的教学目的可以采取不同的教学方法，如案例教学法、任务驱动教学法、模拟教学法等都可以采用。例如，AutoCAD 这门课程的命令非常多，每个命令在不同的条件下又有不同的用法，例如画圆命令就有"圆心半径画圆"、"圆心直径画圆"、"两点画圆"、"三点画圆"、"切线半径画圆"、"切线画圆"等多种使用方法（图 4-10）。这就要求学生在绘图时要根据当时的条件来灵活使用这些命令。学生可以通过任务驱动教学法来掌握这一类的教学内容（关于任务驱动教学法本书后续章节将做详细介绍）。

工程制图是研究绘制与阅读工程图样和解决空间问题的一门专业技能基础课。它是中职学校工科类专业的一门既有系统理论又有较强实践性的技术基础课，主要培养学生的看图、画图、空间想象力和应用能力。所包含的内容很多，给水排水施工图识读就包含其中，识图要求学生具备识读常见土木工程图样的能力和方法；理解工程图样的成图规律，初步形成空间想象和思维能力。对于这部分综合性较强的内容可以通过案例教学法进行教学，学生根据已掌握的资料（案例）来分析问题，通过已学工程制图的知识点或查找相关资料来寻求解决问题的关键和方法，搞清图纸中每个符号的意思以及图纸所表达的内容，归纳相似性、寻找差异性。这也是案例教学法与传统教学法最显著的差异性所在。案例教学法可以使学生的主观能动性得到充分发挥，创造能力和实际解决问题能力得到发展，使学生从生动的直观到抽象的思维，并从抽象的思维到实践，这是培养学生多种能力的重要措施之一。那么，什么是案例教学法呢？

案例的教学过程可分为计划、案例的选择、课前准备、案例阅读、课堂讨论和评价等六个步骤。案例教学法基本流程如图 4-11 所示。案例教学的宗旨不是传授最终真理，而

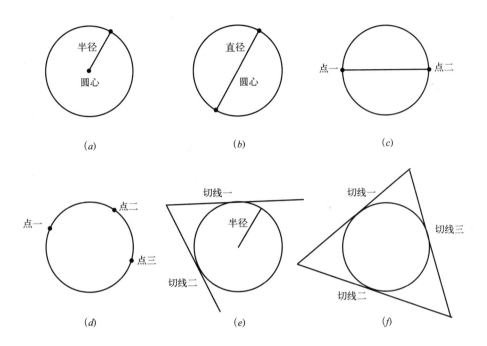

图 4-10　AutoCAD 画圆方法介绍

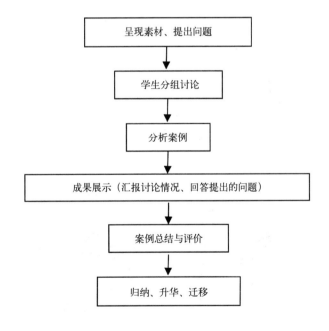

图 4-11　案例教学法基本流程

是通过一个个具体案例的讨论和思考，去诱发学生的创造潜能，案例教学法重视的是得出答案的思考过程。在课堂上，每个人都需要贡献自己的智慧，没有旁观者，只有参与者。学生一方面从教师的引导中增进对一些问题的认识并提高解决问题的能力，另一方面也从同学之间的交流、讨论中提高对问题的洞察力。学生通过参与案例研究，培养分析解决问题的能力和独立判断和决策的能力，进而达到举一反三地迁移应用知识和技能的目的。

选择的案例要具有指导性，具有启发迁移作用，对其他事例的分析与处理具有借鉴意义和启示作用。这就要求老师要从实际出发，根据理论知识点的实际来设计案例。这样的案例容易引发学生积极的思维和探索，使学生对学习的理论知识有认同感，从而能够进一步深入理解理论观点。达到对理论知识的理解与掌握。例如在画法几何这门课中有看组合体视图知识点，选择轴承座作为案例进行分析与讲解，假想把组合体分解成若干个形体，搞清楚各形体的形状、相对位置、组合形式及表面连接关系，如图 4-12 所示的轴承座，可以想象分解成底座、圆筒、支承板、肋板四个形体。底座可以看成在一个四棱柱中切去一个四棱柱凹槽、两个带圆弧面的三棱柱及两个圆柱体形成的。支承板与肋板放在底座的上面，圆筒放在支承板与肋板上面。这四个形体的左右对称中心面重合，底座、支承板与圆筒的后面平齐，肋板在支承板的前面。通过化整为零的分析，使复杂的问题简单化。案例分析法是组合体画图、看图及尺寸标注的基本方法。

选择的案例要具有代表性、能反映事物本质，最能显示同一类事物的共同特征、意义，通过对一个事例的研究，就能探索同一类事例相同的内在规律。如截交线、相贯线就需要在教学过程中借助具体、典型的案例来帮助学生分析和理解，可以用实物与模型对截交线、相贯线知识点进行讲解，学生很易理解，教学效果很好。

选择的案例要具有客观性，在课堂教学中所设置的案例尽可能真实、具体。在工程制图教学中能使用具体的实物或者模型进行演示，收效更好。

选择的案例要有针对性，能针对具体的知识点，要为每个知识点服务，让学生对知识点进行理解与掌握。如讲授斜二等轴测图知识点时，最好选用正面有较多圆的机件轴测图。

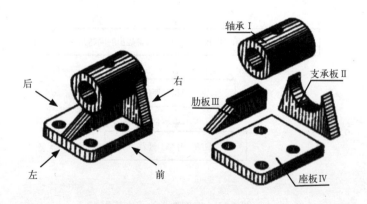

图 4-12 组合体视图 - 轴承座

4.3.2　工程力学与水力学类教学主题实验教学法

实验教学是使学生吸收、理解并运用理论知识，接受科学思维和创新意识培养的平台，是使学生理论联系实际、增加感性认识，提高动手能力、培养创新能力的场所；将实验教学法与理论讲授有机结合，使学生把感性知识同书本的理论知识联系起来，以获得比较全面的知识，同时培养学生的独立探索能力、实验操作能力和解决问题的能力，从而达到提高教学质量的目标。实验对加深理解基本理论和基本概念有重要作用，也是培养分析问题、解决问题和独立工作能力的重要环节。给水与排水专业的工程力学、水力学类课程就是专业基础较强的一类教学主题。这一类课程不仅是工科专业重要的技能基础类课程，而且也是能够直接用于工程实际的技术性课程。它们都具有较丰富的基本概念、基本原理和基本方法，具有独特的数学推理和分析与求解问题的科学思维方法，是具有严密的科学推理与灵活的工程应用相结合特点的课程。这类课程在讲授时应重视知识发生的过程，注重对力学概念的理解；紧密联系工程实际，理论与实际工程相结合，培养工程意识与创新能力；增强学生综合分析和处理问题的全面素质。对于这类课程原理内容的教学可以通过实验教学法来开展，如材料力学这部分内容中，一方面它为了解决工程设计问题，必先知道所用材料的性能；另一方面，对于把真实现象加以简化和典型化所得到的材料力学理论，必须通过实验加以验证；第三方面，在工程实际中，对于符合指标的材料方可用于工程中。由此可见，实验与学习、生产和建设有着密切的关系。但是由于对实验课的重视不够，长期以来实验教学一直处于理论教学的从属地位，实验仅仅是为了验证理论，其教学模式是以教师为中心，偏重于所学知识的验证，强调理论知识和技能的学习，学生在规定的时间内按照教师设置好的设备和仪器，根据实验指导书上规定的方法和步骤被动地验证、机械地重复，缺乏主动性、能动性。这种单一的验证性实验不利于激起学生学习的兴趣和热情，导致部分学生袖手旁观、坐享其成，学生缺少参与实验的主动性和积极性，学生进行科学实验和独立工作的能力在实验课中并没有得到有效地锻炼和提高，学生体会不到实验的趣味性。因此要提高实验教学的质量，必须改革现行的实验教学模式，充分发挥挖掘课本中理论知识与实验的结合点，加强实验的设计性和探索性教学，使学生在实验过程中变被动为主动，在实验技能、知识应用、观察现象、分析问题及解决问题等诸多方面的能力得到全面训练，从而培养学生对科学知识的创新。科学实验包括实验方法和方案的确定、现象观察、数据测量和处理、结论分析等内容，通过这些训练，培养学生运用已有知识分析问题和解决实际问题的综合能力。

实验教学法是以学生为主体，在教师指导下，充分调动学生的非智力因素，发挥学生主体作用，增强学生在课堂内的参与意识，以学生探索实验为主要教学手段，掌握知识为目的，提高学生创新能力为宗旨的教学法。实验教学法的基本流程见图4-13。

水力学课程作为给水与排水专业重要的技术基础类课，它是为以后的专业课学习提供一定的理论基础，同时又涉及理论应用性知识，因而具有极强的理论性与实践性，从而也决定了这门课的教学目标既要使学生牢固地掌握基本理论知识，又要使学生学会如何应用

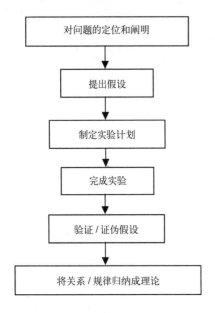

图 4-13   实验教学法基本流程

这些知识创造性地应用于实际工程中去。因而，合适的教学方法、教学手段是取得良好教学效果的必要保障。努力提倡实验式教学法，逐步淘汰灌输式的教学方式。弄清这一点，才能在教学活动中做到让学生始终在整个学习过程中起主体作用，教师起引导、讲解、解决疑难的作用。

从水力学课程的教学特点看，课程中包括理论基础知识的教学学习，应用性知识、技能性知识的学习，实验动手能力的培养。因此，水力学的实验教学应除了必要的验证性实验外，还根据课程的不同内容和阶段，安排综合设计实验。

在学生基本掌握各种实验仪器的规范操作、性能及其应用后，就可以进入综合性实验的训练。综合性实验指运用多方面知识和多种实验方法按照实验要求（或自拟实验方案）进行实验，主要培养学生对所学知识、实验方法和实验技能的综合运用能力。综合性实验的特征体现在实验内容的综合性、实验方法和实验手段的多样性，人才培养的综合性。在水力学实验教学中，将原本为验证性实验的伯努利方程实验设计改为综合性实验，实验包括了流量的测量、压力降的测定、静力学基本方程、毕托管的使用、伯努利方程等多个知识点。教师先提出问题，让学生预习实验教学内容，并查找相关资料；课堂上请学生交流实验原理、操作及预期结果等内容，然后由教师讲解实验要点，由学生综合运用已掌握的知识操作实验；实验结束后，教师针对实验结果提出难度适中的讨论题，学生分组讨论，对实验进行分析总结。综合性实验增强了学生的积极性和主动性，加强了对理论知识的理解，达到了训练技能和培养严谨科学作风的目的。综合性实验就是对所学理论和实验知识进行有机融合，去解决复杂的实际问题。该类实验的目的在于培养学生综合运用知识分析问题和解决问题的能力，是设计性实验的基础。综合性实验有利于学生形成较强的自学和独立工作能力。

设计性实验是让学生根据实验内容和目的，利用所学的专业知识和实验技能，学生查找和阅读资料，思考问题，提出合理的实验方案和实验方法，拟定实验步骤，选择实验仪器设备，独立完成实验，自行探究实验结果和发现规律，然后再组织各小组进行讨论，对实验方案作进一步的思考和改进，设计性实验对于培养学生组织能力和自主实验的能力，培养和发展学生的创造性思维和独立实验能力有着特殊的作用。设计性实验的特征体现在实验内容的探索性，实验方法的多样性，学生学习的主动性和创新性。在水力学的实验教学中，可以把计算某段管路的水头损失作为设计性实验处理，其教学法流程见图 4-14。

实验教学法在工程力学、水力学这一类教学主题的课程中应用范围较广，这类课程应精选基本实验，设计开发具有探索性、应用性的新实验。例如工程力学实验可以精选出低

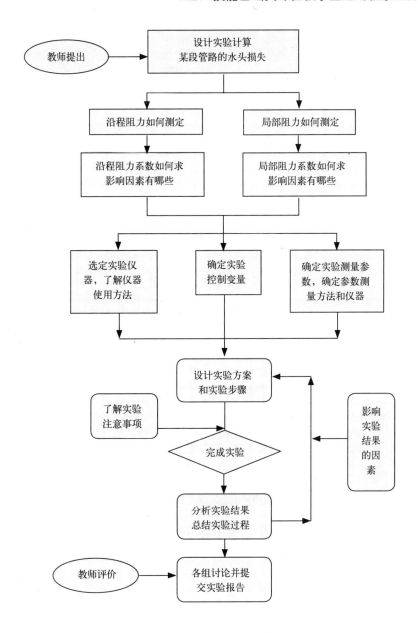

图 4-14　实验教学法流程

碳钢、铸铁的拉伸、压缩试验、扭转试验作为基本的材料力学性能实验；把纯弯曲梁的电测实验和薄壁圆管的弯扭组合变形作为基本的应力分析实验。同时，还可通过改造更新老设备来提高实验的检测手段。

通过实验教学法，积极引导学生通过实验观察、思考和发现问题，既活跃了学生的学术气氛，开阔了学生的视野，又使学生的潜在能力得到充分的发挥，激发出学生更大的创造能力和创新精神，有效地提高了学生独立解决实际问题的能力，更好地提高教学效果。

4.4   技能基础类课程教学主题的教学法案例

4.4.1 "给水排水工程图绘制与阅读"案例教学法案例

1. 教学方案设计

选用案例教学法进行"给水排水工程图绘制与阅读教学主题"的教学，重要的是要做好教学方案的设计，见表 4-2。

案例教学法教学方案   表 4-2

教学主题	给水排水工程图绘制与阅读		学习领域	建筑给水排水施工图
教学情境	给水排水施工要求		学习时间	2 学时
教学对象	_____专业_____班级		主要教学方法	案例教学法
教学目标	知识目标		技能目标	
	1. 熟悉给水排水施工图的图示特点 2. 能阅读和绘制室内给水排水施工图		根据给水排水施工图的图示特点看懂室内、外给水排水平面图和系统图	
教学内容	重点：给水排水施工图阅读 难点：给水排水系统图阅读			
起点分析	已学工程制图的基础知识、建筑给水排水施工图概述			
教学评价	教学评价标准见下表			
	评价纬度	行为表现描述	分值	得分
	问题解决	对图纸问题的理解完全正确，结论准确清晰	4分	
		对问题部分理解或解释有错误，结论有部分错误	2分	
		对图纸问题完全不理解，结论几乎完全错误	0分	
	班级讨论	积极参与讨论问题；乐于表达自己的观点，发表自己的意见；乐于吸取其他同学的观点；本人意见被采纳	评价等级： A：2分 B：1分 C：0分	
	合　　计			
学习资料	《建筑制图》（第五版）；《画法几何与土建工程制图》			

2.教学活动组织

案例教学法在做好教学方案设计之后，如何做好该类课程的教学活动方案，是确保案例教学法有效进行的十分重要的条件。表 4-3 所示了一个典型案例的教学活动方案。该活动方案从情境创设到教学评价为止，深入细致地作了描述。

案例教学法教学活动方案   表 4-3

1. 情境创设	
案例描述	假期的时候，小李去一家施工单位实习，单位正在安装某建筑的给水排水管道及其附件，小李跟在工人师傅后面仔细观察，但有些摸不着头脑，不知道师傅在做什么。于是，师傅把图纸交给小李，让小李先来看各种管道、卫生器具、阀门及管附件的位置、尺寸及材料，然后再看师傅如何安装。小李决定先从图纸下手，认真学习

2. 活动设计
呈现案例（描述案例）（10分钟）——提出问题（5分钟）——讨论引导、分析案例（分组讨论）（30分钟）——成果展示（汇报讨论情况，回答提出问题）（20分钟）——总结升华（10分钟）——应用迁移（案例分析练习）（15分）

3. 教学过程		
	教师活动	学生活动
呈现案例 (10分钟)	【引入】给水排水施工图是表达室外给水、室外排水及室内给排水工程设施的结构形状、大小、位置、材料以及有关技术要求的图样，以供交流设计和施工人员按图施工 　　老师可以采用口述案例、多媒体等来描述案例，创设教学情境	听案例、看图纸，思考能够用到哪些所学知识

续表

		3. 教学过程	
		教师活动	学生活动
提出问题 （5分钟）		问题1：如何确定各种卫生器具的位置：如大小便器（槽）等；阀门及管附件的布置，如截止阀、水龙头等 问题2：如何确定各立管、干管及支管的位置及给水引人管、排水排出管的位置 问题3：各种图例、标注的意思 请大家分组讨论	思考问题
讨论引导 分析案例 （30分钟）		引导大家读图顺序及读图要点	分小组讨论，将小组讨论的人数控制在4~6人；针对问题进行讨论，人人发言，互相点评，达成小组意见
成果展示 （20分钟）		教师根据学生的汇报及回答问题的情况汇总大家在看图的过程中遇到的问题和识图难点，并对每个组的情况做记录	汇报讨论情况，回答提出问题。学生在教师的引导下总结读图的顺序及读图的要点，并进行自我评价及小组互评
总结升华 （10分钟）		1. 读图顺序 (1)浏览平面图：先看底层平面图，再看楼层平面图；先看给水引入管、排水排出管，再顾及其他。(2)对照平面图，阅读系统图：先找平面图、系统图对应编号，然后再读图；顺水流方向、按系统分组，交叉反复阅读平面图和系统图 阅读给水系统图时，通常从引入管开始，依次按引入管——水平干管——立管——支管——配水器具的顺序进行阅读。阅读排水系统图时，则依次按卫生器具、地漏及其他污水口——连接管——水平支管——立管——排水管——检查井的顺序进行阅读 2. 读图要点 (1)对平面图：明确给水引入管和排水排出管的数量、位置，明确用水和排水的房间的名称、位置、数量、地(楼)面标高等情况。(2)对系统图：明确各条给水引入管和排水排出管的位置、规格、标高，明确给水系统和排水系统的各组给水排水工程的空间位置及其走向，从而想象出建筑物整个给水排水工程的空间状况	
应用迁移 （15分钟）		教师给出另一套图纸	学生独立完成
		4. 课外练习	
巩固		案例分析练习	
		5. 教学后记	
教学效果自评			
教案修改建议			
资源增补建议			

3. 案例教学法总结

本教学设计采用了案例教学的方法。在教学过程中，教师利用学生很可能遇到的事件而开展教学活动。这种教学方法能使学生置身于真实的案例之中，激发学生的学习兴趣，便于对教学案例展开深入的讨论。

实行案例教学的前提是教学案例选取合理、目的性强，满足教学主题要求，突出所授主题的重点和难点。其次，教学案例要带有启发性、生动性和实践性。通过案例讨论，能启发学生深入思考。教学案例来源于企业，拉近课堂与实际的距离，利于学生职业能力的养成。

4.4.2 "管路沿程水头损失的测试"实验教学法案例

1. 教学方案设计

选用实验教学法进行教学，与其他教学法一样，要做好教学方案设计如表4-4所示。

力学类教学主题的实验教学法方案　　　　　　　　表4-4

教学主题	管路沿程水头损失的测试实验	学习领域	沿程阻力系数的测定
教学情境		在沿程水头损失测定装置中演示发现：管径相同的没有阀门等任何局部障碍的水平直线管路中，管路上游测压点的压力总比下游测压点的压力值大。请通过实验解释这一现象，并进一步测定不同雷诺数时的管道沿程阻力系数 λ 的数值	
教学对象	＿＿＿专业＿＿＿班级	主要教学方法	实验教学法
教学目标	1. 加深理解沿程水头损失的概念，并了解沿程水头损失研究的重要意义 2. 加深了解圆管均匀流的沿程损失随平均流速变化的规律 3. 掌握管道沿程阻力系数的测量方法和应用气–水压差计及水–水银多管压差计测量压差 4. 掌握管道沿程阻力系数 λ 的测量技术		
教学内容	1. 解释产生压力变化的原因 2. 测定不同雷诺数时的管道沿程阻力系数 λ		
起点分析	已学水头损失和摩擦阻力的相关知识		

续表

	评价纬度	行为表现描述	分值	得分
教学评价	问题解决	对问题的理解完全正确，结论准确清晰	4分	
		对问题部分理解或解释有错误，结论有部分错误	2分	
		对问题完全不理解，结论几乎完全错误	0分	
	班级讨论	积极参与讨论问题；乐于表达自己的观点，发表自己的意见；乐于吸取其他同学的观点；本人意见被采纳	评价等级： A：2分 B：1分 C：0分	
	合　　　计			
学习资料				

2. 教学活动组织（表4-5）

实验教学法组织方案 表4-5

1. 对问题的定位和阐明		
2. 活动设计		
对问题的定位和阐明（10分钟）——提出假设（5分钟）——制定实验计划（分组讨论）（20分钟）——完成实验（汇报实验情况）（30分钟）——验证/证伪假设（15分钟）——将关系/规律归纳成理论（10分钟）		
3. 教学过程		
	教师活动	学生活动
问题定位和阐明 （10分钟）	管径相同的无阀门等任何局部障碍的水平直线管路中，管路上游测压点的压力总比下游测压点的压力值大，是因为水流动过程中产生了沿程水头损失吗？沿程水头损失是怎么产生的？请阐述其基本概念。 沿程水头损失的基本公式是 测定管道沿程阻力系数λ，需要知道哪些数据 测定管道沿程阻力系数λ需要什么工具？请说明各种工具在实验中的作用 测定沿程阻力系数λ实验的目的是什么	回顾所学的相关知识，对实验可能出现的现象进行判断，并对教师提出的问题进行思考，提出一个解决问题的框架
提出假设 （5分钟）	假设：圆管均匀流的沿程损失随平均流速的增大而_____	思考问题，根据所掌握的知识进行判断

续表

3. 教学过程		
	教师活动	学生活动
制定实验计划 （20分钟）	将小组讨论的人数控制在3~4人；针对问题进行讨论，并让每个小组选择组长，由组长承担小组讨论的组织和对全体做小组讨论的记录和汇报工作	分小组讨论，制订实验计划、写出实验步骤、解释并介绍试验装置，绘制结构草图、初步设计记录数据的表格；按计划进行小组成员工作任务的分配
完成实验 （30分钟）	教师在学生实施计划的过程中对存在的问题和错误可作适当的点评，在教师的帮助下学生完善实验方案、明确步骤，更有效地完成实验	（1）分组按照计划准备实验装置 （2）按计划完成实验，并记录数据，填写于表中 （3）如果在实验过程中发现计划安排有问题需修正实验计划 （4）实验成果整理
验证/证伪假设 （15分钟）		实验得到的结论与假设是否相符
将关系/规律归纳成理论 （10分钟）	小组互评，老师评价，实验效果和结论	归纳总结： （1）小组实验得出的理论 （2）圆管层流和紊流的沿程损失随平均流速变化的规律 （3）实验的误差分析 （4）可采取什么措施，以达到更好的节能效果 （5）小组间就各小组得出的实验结论进行讨论 （6）老师总结讨论结果和归纳 （7）学生按要求完成实验报告
4. 课外练习		
5. 教学后记		
教学效果自评		
教案修改建议		
资源增补建议		

3. 实验教学法总结

实验教学模式改变了以教师为中心的传统实验教学模式，让学生主动发现问题和解决问题，让学生自行思考、探索、设计、操作和总结，学生成为实验教学的主体。教师由传授型转为指导型，学生由被动接受验证型转为主动参与探索型，促使学生变被动接受知识的学习为主动的探索性学习。探究式实验教学有利于培养学生运用所学知识发现问题、分析问题、解决问题的综合能力，严谨的工作作风和勇于探索的科学精神，体现了以人为本的教育理念。

4.4.3 "给水排水工程施工测量"项目教学法案例

1. 教学方案设计

选择项目教学法教学,应做好教学方案设计(表4-6)。

测量类教学主题的项目教学法方案   表 4-6

教学主题	给水排水工程施工测量	学习领域	水准路线测量		
教学情境	管道施工水准路线测量	学习任务	观测一些点的高程		
教学时间	2 学时	教学对象	_____专业_____班级		
教学方法	项目教学法				
教学内容	在两个小时内,从一个已知水准点出发,沿测区主要道路连续观测若干测站,测量某些点的高程,最后回到原点,要求达到国家测量规范中关于图根级水准测量的精度指标				
起点分析	学生已经掌握了"高程"的含义及能测量高程的"水准仪"的使用方法				
教学目标	掌握水平测量的原理和方法以及水准仪的操作和使用				
教学评价	组 别	学 生 姓 名	项目 布置	专业知识和 技能	技能考核内容及评价	完成 时间
	第 组		任务 地点	1.测量知识 2.绘图技巧		
	技能考 核内容	(1)掌握知识能力; (2)组织能力; (3)交流能力; (4)独立工作能力; (5)承受压力能力				
	评价能 力目标	A. 阶段是表示通过能力 B. 阶段是表示有一些能力 C. 阶段是表示具有将所学知识教给他人的能力 D. 阶段是表示能通过接受任务,自己找出解决办法而完成的能力				
	指导教 师评语					
参考资料						

2.教学活动组织（表4-7）

项目教学法组织方案　　　　　　　　　　　表 4-7

1. 项目介绍、获取信息
"水准路线测量"项目，是在学生通过课堂理论教学和室外操作练习，掌握了水准测量的原理、仪器的操作、记录与计算方法的基础上进行的项目教学，任务是在两个小时内，从一个已知水准点出发，沿测区主要道路连续观测若干测站，测量某些点的高程，最后回到原点，要求达到国家测量规范中关于图根级水准测量的精度指标。在项目实施前明确提出要在课程结束时对每个学生进行实地测量操作考核，并公布考核标准与要求

2. 活动设计
项目介绍、获取信息（10分钟）——制订计划、作出决策（分组讨论）（15分钟）——实施计划（30分钟）——检查验收和资料整理（15分钟）——评价（10分钟）——归纳、总结、迁移（10分钟）

3. 教学过程		
内容	教师活动	学生活动
项目介绍获取信息（15分钟）	布置任务：介绍已知点与待测点，向各小组发放项目任务书，简述任务要求。教师根据水准路线测量的内容与方法设计了各种问题，例如起算点在哪里？不通视怎么办？读数记录在哪里？如何知道测量结果对还是错？等等，引导学生用自己的眼光学习新的知识点，例如水准点、水准路线、测量检核、测量记录、成果计算等，在此基础上确定整个测量的步骤与方法	倾听教师介绍，仔细阅读项目工作任务书，并浏览教师提供的参考资料，从中获得项目所需的相关信息并对问题进行思考
制订计划作出决策（10分钟）	对所在教学班学生进行分组，一般每个小组确定4～5个成员。指导学生制订学习计划并审阅。采用与学生谈话的方式交换意见，指导学生修改完善已制定的工作计划，提醒学生项目实施过程中的注意事项	各组推选一名组长。学生就工作任务书进行分组讨论，各组根据项目任务书制订初步项目工作计划，工作步骤和程序，制定计划方案 　　与教师讨论、修改工作计划、设备一览表。最终，学生作出实施项目的决定
实施计划（30分钟）	对学生的提问，教师要根据具体情况，引导他们分析和解决问题。一些需要现场示范的较复杂项目，如经纬仪测图等，也应在学生自行摸索一段时间后再进行示范，效果更好。在教学过程中，教师除了启发式地回答学生问题外，还应关注各小组项目进行情况，发现问题及时指正，使学生在有限的实践教学时间内达到最佳的教学效果	学生各组开始分析环境条件，相互探讨操作步骤：如水准路线的选取、水准仪的安置位置、测量误差的要求、测量数据的计算以及分配每个人在这个项目中的具体工作方案与实施要点。每个小组的工作方案既分工又合作，共同完成外业测量与内业计算，得到合格的测量成果。工作过程中通常还变换分工。使每个同学都得到较全面的训练
检查验收资料整理（20分钟）	(1)教师采用提问的方式协助检验，指出项目实施中的问题和改进措施 (2)检查并记录项目学习成果	(1)各小组观测完成后，自行计算成果，并对照规范检查观测成果是否合格，如不合格要返工重测 (2) 清理工作现场、整理设备工具 (3) 整理项目任务书、工作计划及需汇报和提交的材料，最后上交成果给教师

续表

	3. 教学过程	
	教师活动	学生活动
评价 （15分钟）	(1)教师组织学生开展项目评价和总结活动 (2)根据学生上交的资料，结合学习过程记录，对学生作出综合评价 (3)教师总结项目学习过程，提出项目实施过程的共性问题，提出改进的意见和建议	(1)以小组为单位，向其他组和教师汇报项目实施过程和结果 (2)对照教师提供的评价标准，进行自我评价，并填写评价表 (3)根据各组的汇报和学习成果，对本小组和其他小组进行评价，并填写评价表
归纳、总结、 迁移 （10分钟）	教师、学生对项目的整个过程作总结。整个任务的完成是由各小组成员合作进行的，在项目任务进行过程中，每一个小组成员的工作都会影响到最后的测量成果，哪怕是其中一个很细微的环节出现差错都可能导致所有的工作功亏一篑。完成这样一个项目任务需要的不仅是知识的综合应用，而且是活学活用。依据实施方案的思路和有关数据针对出现的问题细致分析查找原因。更需要队员之间的互相配合与协作	
巩固	其他项目的练习	
	4. 教学后记	
教学效果自评		
教案修改建议		
资源增补建议		

3. 项目教学法总结

项目教学法是一种教学互动式的教学模式，通过该教学法的实施，把学生融入有意义的项目任务完成过程中，让学生积极地学习，自主地进行知识的构建，以培养学生的实际动手能力为最高成就目标。项目教学法核心追求是：不再把教师掌握的现成知识技能传递给学生作为追求的目标，或者说不是简单地让学生按照教师的安排和讲授去得到一个结果，而是在教师的指导下，学生去寻找得到这个结果的途径，最终得到这个结果，并进行展示和评价，学习的重点是学习的过程。实践证明，在项目教学法的具体实践中，学生通过对自己的工作过程理解、其他小组学生的提问和教师的点评，可以对整个项目的工作内容有更准确的了解，一些模糊的认识变得明晰起来，一些错误的观点得到纠正，使学生感到有较大收获，学生也在从单一到综合、从简单到复杂的项目任务的完成过程中逐步体验到学习的乐趣和解决问题所带来的成就感。从而促使学生从被动学习向主动学习、从接受知识向学会学习的转变。通过项目教学法不但实现了理论与实践的结合，更重要的是对学生独立分析和解决问题的能力的培养。培养学生吃苦耐劳、爱岗敬业的职业道德；养成严谨科学的工作作风和相互协作的团队合作精神，为以后走上工作岗位形成良好的铺垫，有着其他教学方法所无法取代的作用。

5 室内外管道施工类课程教学主题教学法及其应用

5.1 室内外管道施工类课程教学特点和教学目标

5.1.1 室内外管道施工类课程的教学特点

室内外管道施工类教学主题是给水与排水专业的核心教学主题之一。该类教学主题在行动导向教学中，主要由建筑管道安装和室外给水排水管道施工等核心课程体现。

建筑管道安装类课程教学要以水力学和工程材料等专业基础课程知识为基础，以建筑给水与排水专业核心课程为前提，围绕室内给水系统、排水系统和消防水系统施工开展教学。"建筑管道设备安装"学习领域课程是由"建筑给排水管道拆卸"、"家居给排水管道设备安装"、"建筑消防给水管道设备安装"、"建筑物给排水管道设备安装"四个学习任务组成。这四个典型学习任务的结构特点是由浅至深，由简至繁，其培养学生的综合职业能力呈现阶梯式递进的关系。"建筑给排水管道拆卸"是四个典型工作任务中的初级任务，是破坏性操作，起到唤起学生课程学习兴趣的作用。当学生拿起不太熟悉的工具，把一套完整的给排水管道系统拆得一干二净的时候，其劳动热情会很快被调动起来，热爱劳动是学习领域课程教学最基本的思想素质。"家居给排水管道设备安装"也是一个比较初级的典型工作任务，在四个工作任务中起到强化学生主动学习兴趣的作用。学生能够在这个环节完成一个完整的工作任务，成就感和自我认同感会得到有效地激发，进一步促进后续工作任务的学习。"楼层给排水管道设备安装"典型工作任务是一个提高阶段，它在包涵了"家居给排水管道设备安装"工作内容的基础上，增加了管道穿越楼层和楼层消防部分的内容。"建筑物给水排水管道设备安装"是上述三个典型工作任务的整合，增加了泵站管道设备安装、天面管道设备安装的内容，使课程内容更加完整，更符合工程的实际情况。

室外给水排水管道施工类课程是以工程力学、工程材料、工程测量等专业基础课程为基础，以给水工程和排水工程专业课程的学习为前提，围绕土方工程、室外给水排水管道各种施工工艺和质量检验及验收开展教学。课程从内容上看，重在对室外给水排水工程的施工程序、施工方法和施工检验等方面进行介绍，使学生了解到施工技术的基本概念、基本知识、基本方法。从而获得施工的基本技能及施工组织管理能力。在选择室外给水排水管道施工类教学主题时，对最具典型的教学内容，如排水管道施工、给水管道施工、管道施工、大钢筋混凝土管渠工程施工、掘进顶管工程施工等内容一定要认真地加以分析和提炼。

5.1.2　室内外管道施工类课程的教学目标

室内外管道施工类课程的教学目标主要表现在两方面：一是基本知识教学目标，二是能力教学目标。对职业道德教学目标也十分注意了，如：学会服从教师和班组长的领导安排；能够认真乐观地接受工作任务；学会有组织、按计划进行工作；养成认真执行规范和标准的意识；培养安装安全防护意识；培养团队协作精神等等。这里特别要提醒的是专业教学目标。

室内管道施工类课程来说，学生应当能够理解建筑给水排水系统、消火栓与自动喷淋消防灭火系统的工艺原理和系统组成，并能够进行上述简单系统的安装，主要包括：

（1）能够读懂安装图纸与要求；

（2）学会查找相关安装规范与标准要求；

（3）能够认识管道设备及相关材料并能正确选用；

（4）熟悉安装工具和设备性能，并能正确选择使用；

（5）学会制定安装工作计划；

（6）能够按步骤进行管道制作与安装；

（7）学会对管道进行测试验收和资料处理。

室外给水排水管道安装类课程的教学目标主要是使学生能掌握室外给水排水管道工程的各分项工程的施工工艺、施工方法和施工要点，熟悉施工规范、施工手册和施工安全知识。部分工作任务能在教师的指导下，进行实操实训。部分工作任务能借助相关的施工资料独立或小组合作的情况下，制订出施工计划，并对施工过程、施工质量及验收进行正确的评价和反馈，对已完成的工作任务存档和记录。主要包括：

（1）正确选用管材；

（2）应用给水铸铁管施工方法；

（3）应用给水钢管施工方法；

（4）应用排水混凝土管和钢筋混凝土施工方法；

（5）应用排水塑料管施工方法；

（6）应用大型钢筋混凝土管渠施工方法；

（7）应用人工顶管施工；

（8）工程质量检查与验收。

5.2 室内外管道安装类课程教学主题的教学法分析

室内外管道安装类课程教学主题所涉及的教学内容是很丰富的，教材第3章已有所叙述。从该教学主题的教学内容上看，主要包括室外给排水管道施工、水处理构筑物施工和室内给排水管道施工等三部分内容。但是，如何对这三部分内容选择合适的专业教学法进行教学，这是本章的教学重点。这部分教学内容的一个明显的特点是应用性强，操作性实，面对的教学内容大量是"管道与构筑物项目施工"，为此，本章选择了"项目教学法与调查教学法"这两种教学方法对这部分教学内容的进行教学，并结合"家居给水管道设备安装"和"给水管道安装"这两大教学内容作为室内和室外管道施工类教学主题的教学案例。下面就室内外管道施工类教学主题的项目教学法和调查教学法的应用进行一些分析。

5.2.1 室内外管道施工类教学主题的项目教学法

5.2.1.1 项目教学法内涵

项目教学法又称项目学习，它是一种宏观教学法，旨在提供更多的可能性让学习者更独立地组织自身，并更加活跃地投入到教学过程中。这个教学过程将目标定为发展自我组织和自身责任。这种教学的新形式使得学习者不仅能够建设性地投入到课程中，而且使他们能够参与到先前的课程计划中去。项目教学法是以成果和实践为导向的，它有助于学习者学到更多课堂以外的东西，有利于将知识转换为实践。

项目教学法通过分析问题和更精确地陈述问题，以及通过寻找和模拟可选的行动途径，试图为问题或结果寻找一个解决方案。项目并不针对非真实的情境，而是针对于符合实际情况并有主观或客观利用价值的情境。项目工作可以取代主题领域和职业领域的重叠，而且可以通过不同的工作方法、形式和工具为问题寻找解决模式。项目教学法中教师扮演着特殊的角色，他们不仅需要有专业能力，而且必须在项目计划和决策过程中提供必要的帮助。项目教学的另一个重要目的就在于项目组成员之间在行动过程中有可能在工作方法与能力方面进行互相的交流。

5.2.1.2 项目教学法特点

1. 项目教学法流程

（1）第一阶段开始寻找并发现与参与者相关的一系列问题。

（2）第二阶段将问题更加具体地定位。

—确定一个针对问题的总体指导性目标。

—提供初步的关于问题形式、计划和实验的行动引导介绍。

（3）第三阶段勾勒出行动和解决方案的基本原型

—更准确地阐明目标，并通过制订计划来解决问题。

（4）模拟阶段需要测试拟定解决方案的可能性，并检验方案是否可以顺利地执行。

（5）最后做实验性检验，以便完成项目计划。

2. 项目教学法内容

项目教学法是实施一个完整的项目过程而进行的教学活动。在教学活动中，教师将需要解决的问题或需要完成的任务以项目的形式交给学生，由学生自己按照实际工作的完整程序，在教师的指导下，以小组工作方式，共同制订计划、分工合作完成整个项目。通过以上步骤，教师可以在课堂教学中调动学生学习积极性，充分发掘学生的创造潜能，使学生在"做"中学，把理论与实践教学有机地结合起来，提高学生解决实际问题的综合能力。在实践运用中，项目教学法的项目工作过程可以分为六个阶段：

（1）获取项目信息

● 教师的任务

① 开发一个与职业工作相关的项目主题，项目中有待解决的问题应同时包含理论与实践知识，项目成果能明确定义；

② 将设计的项目融入到课程教学中；

③ 确保项目工作进行的空间、技术和时间等前提条件。

● 项目所有参与人员共同确定项目的目标和任务

① 能有效激励参与人员来实施项目并唤起所有参与人员的兴趣和参与意识；

② 整个班级或小组协调统一完成一个相同的任务；

③ 容易出现教师主导确定项目主题的不利局面。

（2）制定项目工作计划

编制工作计划的内容主要有对工作步骤进行综述、工作小组安排、时间安排、权责分配等几个方面。通过工作计划的编制，能培养学生独立设计项目和自主分配项目任务的能力。此阶段中，学生明确自己在小组中的分工以及小组成员合作的形式，然后按照已确立的工作步骤和程序工作。在这个阶段中，教师的指导尤其重要，对项目实施的步骤，教师要解释清楚，相关资料也要及时给出。教师除了要告诉学生需要完成的项目是什么，还应该适当地提醒学生先做什么、后做什么。这样，既可避免接受能力较差的学生面对项目时束手无策，又能避免学生走不必要的弯路。

（3）项目策划

① 项目以大组或小组工作的形式进行；

② 学生创造性地、独立地开发项目问题的解决方案；

③ 本阶段的中心任务：学生通过调研、实验和研究来搜集信息并进行决策，学习如何具体实施完成项目计划中所确定的工作任务；

④ 将项目目标规定与当前工作结果进行比较，并作出相应调整；

⑤ 有助于培养学生的协同工作能力和自我控制意识。

（4）项目执行

① 大多以小组工作的形式进行；

② 学生分工合作，创造性地独立地解决项目问题；

③ 基于项目计划，学生通过调研、实验和研究，有步骤地解决项目问题；

④ 将项目目标与当前工作结果进行比较，并作出相应调整；

⑤ 有助于培养学生的协同工作能力和自我控制意识。

在项目执行过程中，学生们可以采用上网或到图书馆找资料等手段，对项目各组成部分的作用、工作原理、安装和使用注意事项等做到了如指掌，并详细地做好笔记。整个学习过程是学生带着问题主动去学习、去探索研究。老师则退居后台，只是起指导作用。为了做到自己设计的系统性价比更合理，学生们应分工合作，进行市场调查，并逐一进行比较。使学生在完成项目设计后有一种在企业里工作的感觉。

组织项目执行是项目教学法中最重要的一环。在教学过程中一定要让学生投入其中，引导学生自己思考，得出正确的结论，让学生学会学习。

（5）项目评价

① 成果汇报：各小组或各小组选派一个或多个代表汇报其项目成果。汇报形式可以多种多样，如全会的形式，或是将其安排到某个庆祝活动中向学生、家长或企业代表展示学生的项目成果；

② 评价：根据前面确定的评价标准，教师和学生共同对项目的成果、学习过程、项目经验进行评价和总结。同时针对项目问题的其他解决方案、解决过程中的错误和成功之处进行讨论。通过讨论，有助于提高学生对工作成果、工作方式以及工作经验进行自我评价的能力；

③ 评价阶段的目的：对项目成果进行理论性深化，使学生意识到理论和实践之间的内在联系，明确项目问题与后续教学内容之间的联系。

教学评价是学生最关注的环节，进行成绩评定一定要做到客观、公平、公正，除了教师评学生之外，还应该开展学生之间的互评。如果只检查结果的话，小组内每个同学的成绩相同，这显然是不公平的，因此应对项目的全过程进行评价。在项目执行过程中不断评价与激励，激励性的评价能有效地提升学生的自信心。评价的目的是以过程为主，不仅关注学生成绩，而且关注学生非智力因素的发展，同时，尊重学生个体差异，注重学生个体发展独特的认可，帮助学生树立自信，真正围绕学生的发展，既关注自我评价，又关注他人评价，让学生在评价活动中学会反思，学会发展。因此认真检查评估是项目教学法实施的保证。

（6）项目成果迁移

① 将项目成果迁移运用到新的同类任务或项目中是项目教学法的一个重要目标，迁移可以作为附加教学阶段；

② 学生迁移运用的能力并不能直接反映，而是在新任务的完成中体现出来。

3.项目教学法优缺点

（1）优点

① 学生的学习兴趣较高；

② 促进团队工作能力的发展；

③ 尤其适合于实践和问题导向的学习任务；

④ 有利于建立跨专业的学习过程；

⑤ 促进独立工作能力和自我责任意识的培养。

（2）缺点

① 对教师要求较高，准备工作繁重；

② 对学生的迁移运用能力要求较高；

③ 占用相对较多的课时。

实践证明，在项目教学法实践中，教师的作用不再是一部百科全书或一个供学生利用的资料库，而成为一名向导和顾问，帮助学生在独立研究的道路上迅速前进，引导学生如何在实践中发现新知识，掌握新内容，学生作为学习的主体，通过独立完成项目，把理论与实践有机结合起来，提高学生对所学知识的内化程度，确实做到"教、学、做"合一，同时教师开阔了视野，提高了教学效率，可以抽出大量的时间帮助程度比较差的学生，有利于进行"因材施教"、"因人施教"。可以说，项目教学法是师生共同完成的项目，共同取得进步的教学方法。

5.2.2 室内外管道施工类教学主题的调查教学法

5.2.2.1 调查教学法内涵

调查法是由教师和学生共同计划，由学生独立实施的一种"贴近现实"的活动，它包括信息的搜集，积累经验和训练能力。调查法是一种由教师和学生共同参与的教学方法，这种教学方法的中心是学生独立搜集和整理不同来源的信息。

调查法意味着在实践现场，对事实情况、经验和行为方式进行有计划的研究。调查法有助于培养学生走近现实、在独立组织的学习过程中认识理解现实的能力。调查法主要包括调查的范围、目标、主题和考察主要方面，调查执行步骤由学生自己设计、实施、检查和反馈，教师提供咨询和支持。

调查法可促进学生独立行动，好奇心，责任感和有计划的行动，促进社会能力和交流能力，以及团队工作能力，促进学生开发新环境和新任务的能力，通过个人体验提高学习效果。

5.2.2.2 调查教学法教学特点

1. 调查教学法流程

教师应与学生共同商定调查初始情境、目标、所需时间和期望调查结果。提供调查框架条件导向，对学生提供帮助。

学生应制定调查计划，建立与调查对象的联系，搜集信息，并对信息进行整理和评价，汇报调查成果。调查教学法的步骤如下：

（1）调查准备

确定调查主题和范围。所谓的调查主题和范围是指学生应通过调查所了解认识的生活领域、现实片段。学生独立描述调查目标(调查任务),就调查主题与相关负责人员建立联系,获取相关人员对调查日期和所需时间、必要的技术和组织方面的帮助。

（2）调查计划

小组间区分调查任务,商定调查流程和确定调查对象领域,小组内分配调查任务。调查地点信息搜集、材料准备（问卷表,考察内容核查表,记录报告)、记录文档保管。

（3）调查执行

现场进行调查的协商和协调,根据调查任务,各小组独立工作（调查,观察,报告……)、记录（草图,照片,视频,报告……),调查完后立即进行结束讨论。

（4）对调查结果的评价 / 汇报

小组中交流感受和成果,就调查行动步骤和方法方面的经验进行讨论或调查成果讨论和总结,以小组方式汇报调查成果。

（5）调查结果的反馈

反馈的引导问题如：①哪些方面还可以进一步改进提高？②时间计划安排可行吗？③还有哪些问题？④ 调查评价中有进一步改善的建议吗？⑤与企业代表就调查成果的讨论有收获吗？

2. 调查教学法教学原则

采用调查法教学要注意下面六个教学原则：

（1）探索式学习；（2）独立自主学习和主体导向；（3）社会性学习；（4）方法学习和过程导向；（5）行动导向；（6）跨专业学习。

3. 调查教学法的优缺点

（1）优点

① 它是一种独立的学习，不是去理解确定的步骤或结果；

② 在独立组织的学习过程中认识和理解现实；

③ 对现实进行调查既是一种工作，也是一种学习。

在此过程中学生不是通过整理材料而是通过实物、个体表现和情境化主题领域来学习。

（2）缺点

① 容易出现学生因为大量的印象和现象而偏离调查主题的局面；

② 调查并不能自动提供正确的认识、解释和评价，而是一种必要的与现存经验的比较；

③ 对调查对象的准备不足。

总之，调查教学法中更要注意调查的应用领域和调查内容。调查的应用领域，如对企业内外部环境感性的、形象化的调研；对企业流程和内部联系的概览；对企业内部联系和相互作用关系的调研；在具体调查内容上，更要抓住对企业工作条件和制造流程调查；特定机器、材料、方法、程序和规章的应用调查；完成工作任务过程中必要的专业知识和能力的调查，其次对公司组织结构和员工协同工作情况、业务流程、企业劳动和环境保护、安全生产、职业培训组织等情况调查。

5.3   室内外管道安装类教学主题的教学法案例

5.3.1 "家居给水管道设备安装"项目教学法案例

1. 教学情景描述

某小区物业管理公司最近接到702业主投诉：702户卫生间的顶棚有渗水现象，希望物业公司能配合调查原因并进行处理。经过检查发现，原来是楼上802户的管路系统因老化漏水造成的。查明原因后，物业公司派维修人员到802户进行管道的维修，但由于管道老化比较严重，经与802业主协商后，决定进行给水管路系统和卫生器具更换。于是物业公司工程维修处根据802户卫生间的布置重新设计了给水管路系统，并绘制了给水管道施工图纸，比例1∶50（见图5-1）。

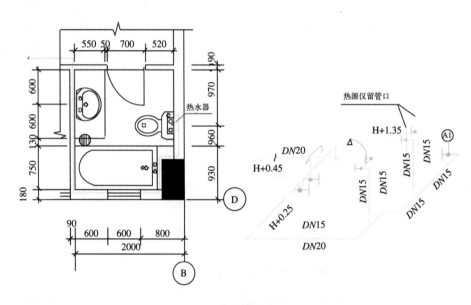

图5-1   给水管道施工图

图纸中的几点说明：

(1) 卫生洁具代号：A1坐便器。

(2) 厨厕中的给水管道均沿墙或地面装修层内开槽安装。

(3) 给水管道采用UPVC管。

现请施工员根据图纸进行802户卫生间的给水管道和卫生器具的安装和调试工作。

2. 教学任务

(1) 根据安装任务，查找管道和设备的安装规范，制订安装的工作计划。

(2) 选择合适型号的管材和设备。

(3) 根据安装图进行管道、设备的正确定线、定位。

（4）根据安装管道和设备的技术要求，应用安装工具，正确进行管道和设备的连接和固定，合作完成安装任务。

（5）查阅质量标准，选择检测方法，测试安装效果，满足客户要求。

3. 教学目标

（1）能够根据安装图进行管道、设备的定线、定位；

（2）能够按照安装技术要求，规范地完成管道和设备的安装任务；

（3）能够按照质量标准，检测安装质量。

4. 教学准备

（1）室内给水工程施工图

①设计说明：设计图纸上用图或符号表达不清的内容，需要用文字加以说明。

②平面图识读：室内给排水管道平面图是施工图纸中最基本的设计图。它主要表明建筑物内给水管道、排水管道、卫生器具和用水设备的平面布置及其与结构轴线的关系。识读的主要内容和注意事项如下：

a. 查明用水设备、排水设备的类型、数量、安装位置、定位尺寸；

b. 查明各立管、水平干管及支管的各层平面位置、管径，各立管的编号及管道的安装方式（明装或暗装）；

c. 弄清楚给水引入管和污水排出管的平面位置、走向、定位尺寸、管径等。

③系统轴测图的识读：系统轴测图分为给水系统轴测图和排水系统轴测图，它是根据平面图中用水设备、排水设备、管道的平面位置及竖向标高用斜轴测投影绘制而成的，表明管道系统的立体走向。系统图上标注了管径尺寸、立管编号、管道标高和坡度等。把系统图与平面图对照阅读，可以了解整个室内给排水管道系统的全貌。识读时应掌握的主要内容和注意事项如下：

a. 给水系统图的阅读可由房屋引入管开始，沿水流方向经干管、立管、支管到用水设备；

b. 排水系统图阅读可由上而下，自排水设备开始，沿污水流向，经支管、干管至排出管；

c. 平面图中反应各管道穿墙和楼板的平面位置，而系统图中则反应各穿越处的标高；

d. 在系统图中，不画出卫生器具，只分别在给水系统图中画出水龙头、冲洗水箱；在排水系统图中画出存水弯和器具排水管。

（2）管材的选用

① 管材标准化

② 管材特点（表5-1）

管材特点 表 5-1

管材名称	特点	使用范围	连接方式
硬聚氯乙烯给水管（UPVC管）	耐腐蚀强，耐酸、碱、盐、油介质侵蚀，质量轻，有一定机械强度，水力条件好，安装方便，但易老化，耐温差，不能承受冲击	适用生活饮用水系统	$DN50$以下采用管件粘接，$DN63$以上采用胶圈连接

（3）管子加工工艺

① 管子切断

在管道安装前，往往需要切断管子以满足所需要的长度。常用的方法有锯割、刀割、磨割、气割、錾切等。施工时可根据现场情况和不同材质、规格，加以选用，如图5-2所示。

（a）　　　　　　　　　　　　　　　　　（b）

图5-2　手工钢锯架

（a）活动锯架；（b）固定锯架

② 管子的下料

管道系统由各种形状、不同长度的管段组成。水暖工要掌握正确的量尺下料方法，以保证管道的安装质量，如图5-3所示。

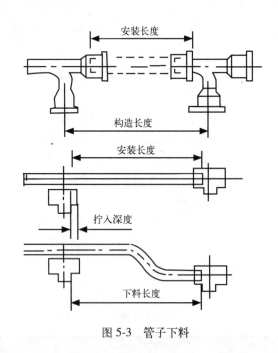

图5-3　管子下料

（4）管道安装

（5）卫生器具安装

浴盆、洗脸盆安装图，如图5-4、图5-5所示；坐式便器安装图，如图5-6所示。

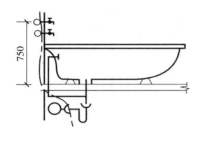

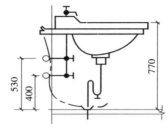

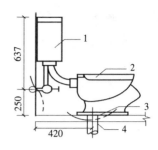

图 5-4　浴盆安装示意图　　　　图 5-5　洗脸盆安装示意图　　　图 5-6　坐式便器安装示意图

1—水箱；2—便器盖；3—底座；4—排水管

（6）给水系统水压试验

《建筑给水排水及采暖工程施工质量验收规范》（GB50242—2002）中规定：阀门安装前，应做强度和严密性试验；各种承压管道系统和设备应做水压试验，非承压系统和设备应做灌水试验。

（7）管道清洗

5. 教学对象组织

（1）分组：3 ~ 4 人 / 组。

（2）每个小组选出一名组长，作为总负责人，并由组长分配任务，落实小组每一成员的主要责任。

6. 设计实施

步骤 1——信息（确定目标 / 提出工作任务）

（1）明确合同任务与要求。

（2）熟读安装图纸和相关安装标准图。

（3）熟悉相关安装质量规范和标准：

《建筑给水排水及采暖工程施工质量验收规范》（GB50242—2002）。

（4）相关安装安全操作规程。

（5）安装工具与机具。

（6）安装材料与设备准备。

步骤 2——制订计划

（1）小组讨论，制订安装计划；

（2）按计划进行小组成员工作任务的分配如表 5-2 所示。

工作任务分配　　　　　　　　　表 5-2

成员姓名	工作任务	权责分配	时间安排

步骤 3——决策

在老师的指导下，分析计划的制订效果，加以修改后，重新考虑小组成员的任务分配，最后落实工作计划和任务分配。

步骤 4——执行任务

（1）按计划和任务分配情况进行安装工作；

（2）工作记录、管网清洗记录、水压试验记录如表 5-3 ～表 5-5。

工作记录   表 5-3

成员姓名	工作任务	使用工具	材料	时间	备注

供水、 供热管网清洗记录   表 5-4

施工单位：

工程名称		日期	
冲洗范围（桩号）			
冲洗长度			
冲洗介质			
冲洗方法			
冲洗情况及结果			
备注			
参加单位及人员	建设单位	施工单位	监理单位

供水管道水压试验记录　　　　　　　　　表 5-5

施工单位：　　　　　　　　　　　　　　　　试验日期：　年　月　日

工程名称					
桩号及地段					
管径（mm）	管材		接口种类		试验段长度（m）
……					
工作压力（MPa）	试验压力（MPa）		10分钟降压值（MPa）		允许渗水量 L/（min·km）
试验方法	注水法	次数	达到试验压力的时间t1	恒压结束时间 t2	恒压时间内注入的水量W(L)	渗水量（L/min）
		1				
		2				
		3				
		折合平均渗水量		L/（min·km）		
	放水法	次数	由试验压力降压到0.1MPa的时间T1(min)	由试验压力放水下降0.1MPa的时间T2(min)	由试验压力放水下降0.1MPa的放水量W(L)	渗水量（L/min）
		1				
		2				
		3				
		折合平均渗水量		L(min·km)		
外观					
评语	强度试验		严密性试验		
参加单位及人员	建设单位	施工单位	监理单位		

（3）请写出工作过程中遇到的问题和困难，以及解决的方法。

步骤5——评价

（1）小组自评如表5-6；

小组自评记录   表 5-6

序号	自评内容	● 自评分析	自评等级	备注
1	管道安装的质量与效果			
2	材料使用情况			
3	工具使用的熟练程度			
4	完成任务所需的时间			
5	小组合作效果			
6	安全操作的落实情况			

（2）评价：检验、评价和讨论

① 就工作过程中遇到的问题和困难，以及解决的方法，在小组之间展开讨论，将讨论结果总结。

② 老师对讨论结果的评价及总结。

步骤 6——迁移

完成家居卫生间连厨房的给水管道和卫生器具的安装工作，平面布置与系统图如 5-7 所示。

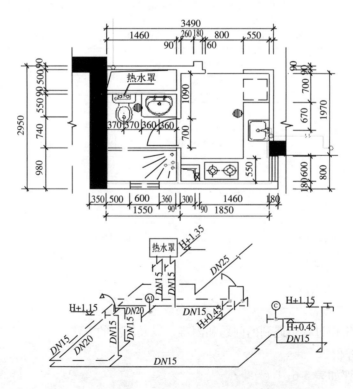

图 5-7　给水管道和卫生器具的安装平面布置与系统图

5.3.2 "给水管道施工"调查教学法案例

1. 教学情景描述

广州市西江引水工程给排水管道施工工地调查现场,如图 5-8 所示。该工程 2008 年 10 月开工,计划到 2010 年下半年竣工,项目总投入 89.50 亿,工程将建设 3 个泵站,2 条直径为 3.6m、单管长 46.5km 的原水主干管和 23.8m 的原水支管。主引水管长达 500m,重 1800t。其顶管、盾构、沉管等施工技术难度大,在给排水管道施工中实属少见。

图 5-8 管道施工现场

2. 教学任务

作一份关于该工程项目某一给水排水施工调查报告,包括工程概况,工程进度、工程施工方法、工程人员所需等内容。

3. 教学目标

通过对该项目某施工企业给水或排水管道施工调查,了解沿线不同管材的施工,以及提升泵站的施工情况。

应用考查和调查方法,制定调查计划。

了解西江引水工程某施工企业的施工过程、工序,施工材料、设备、施工组织、施工方法、施工劳动安全、施工质量检查及验收。

通过调查,应用所学施工技术知识,对给排水工程施工、组织方法进行总结、分析和归纳,并形成调查报告。

将学生以小组团队组合,分工合作,自主、独立开展调查。根据调查的范围,搜集相关资料和信息,做出各项准备。老师做好指导和提供必要的咨询。

让学生学会做好安全防护措施,防止事故发生。

对工地环境情况作出评价。

4. 教学计划

学生做好分工,调查的内容主要有:

(1) 到工地现场如何注意人身安全,如带安全头盔、穿防滑鞋、佩戴学生身份识别标志。

（2）工程概况，如工程规模、工程性质、工期、工程地点、开工时间、竣工时间、工程施工条件、现场情况、交通情况等。

（3）查看施工图，了解当地气候变化，气温变化，地下水位等对施工工期的响，雨天能否进行施工。

（4）了解施工企业资质、工程实力、所承担的一些工程项目、人力资源等情况。

（5）施工前准备工作：动迁情况，现场施工是否通电、通水、通道路，大型施工设备是否能进场，施工人员材料、设备的临设场所。

（6）甲方、乙方现场交底，了解施工图与实地的是否有偏差，是否需要变更施工，地下设施是否有其他管线、煤气、给水、电力、通信电缆等。

（7）测量放线：测量仪器，水准基点，辅助水准点，基线桩，地点及标高，如何使用基线桩和辅导水准点放出施工的管线。

（8）土方开挖：土质情况、地下水情况，采用人工或机械开挖，开挖的机械的名称，施工面是否受到场地影响，土方如何堆放，土方堆放要注意什么，挖方进度等。

（9）沟槽支撑：沟槽开挖深度，支撑形式，足板桩，疏撑或密撑。如何进行支撑施工，是否需要基坑排水，排水设施有哪些，雨天时候如何进行排水等。

（10）地基处理：地基土质如何，换土垫层，管道基础如何施工，管道基础的型式如何，如何进行基础养护。

（11）污水管铺设：管材材质、下管方法，稳管方法，管道接口如何处理，管道接口材料，是柔性或刚性，下管的设备有哪些，下管进度如何控制。

（12）检查井施工：砖砌检查井，沉沙井，如何利用检查与其他交接的管线连接，各种检查井的砌筑方法和步骤，如何控制井盖标高？

（13）回填土方：回填土的性质，回填方法，是人工或机械，如何保证回填土的密实度，如何施工，施工是否要注意哪些方向。

（14）施工手段：是否采用传统的施工方法，是否有突破，尤其是否有应用新的施工工艺、方法、材料、设备。

（15）隐蔽工程的质量检查：

① 闭水试验：闭水试验如何进行，设备有哪些？检测哪些管段，能否符合规范标准，如果不达标，如何处理，可以采取哪些补救措施。

② 土方工程的质量检查：基坑底处理，是否符合设计要求和施工规范，施工是如何进行验收，分项验收记录及报表。

③ 测量方法：水准测量高程闭合差是否在允许范围，临时水准点是否牢固，做好保护措施。

（16）地下管道施工质量检验：外观检查：对管基、管座、接口、检查井、支墩及其他附属构筑物进行检查、记录。

（17）断面检查：对管道的高程、中线、坡度进行复检，以上是否符合施工质量标准。是否有质安人员签字。

（18）地下管道施工验收：变更图。管道及构筑物的地基及基础工程记录；材料、制品和设备的出厂合格证或试验记录；管道支墩、支票、防腐记录；管道系统的标高、坡度测量记录；隐蔽工程验收记录及有关资料；管道系统试压记录、闭水试验记录；竣工后管道平面图、纵断面图及管件结合图等，有关施工情况说明。

（19）施工安全措施：施工现场情况复杂、施工人员的安全防护措施、机械设备的安全使用要求、用电安全措施？安全施工的操作规程？施工现场的安全防护措施？意外事故的应急处理方案。

（20）环保措施与节能减排：减少耗电量、减少排碳量。

5. 任务分配

学生以小组方式进行任务分配，并确定调查的领域和内容，做好充分准备。如：搜集有关信息，了解工程施工相关知识，作好调查准备。调查方式，可采用访谈调查、观察、录音、报告等。记录方式可用简图、照片、视频、报告、施工图、进度图。

6. 制定调查计划

按表 5-7 的要求作出调查计划，并填写记录表。

调查记录　　　　　　　　　　表 5-7

学生	时间	谈话对象	地点	采访工具	行动方式	主题
××人采访，××记录或录音整理	×月×日	施工员	广州市	笔、记录表	访谈调查	施工方法、技术、计划
		项目负责人		录音笔	采访	工程概况、施工组织、劳动制度节能减排
		甲方质监员	广州市	手提电脑	访谈	质量检查质量验收环保措施
		施工人员		……	……	安全措施、劳动保护、岗位技能、其他工种
		测量人员		……	……	施工测量敷线
×××		资料员		相机或DV	施工现场或视频拍摄	施工记录、分项验收表、画施工简图

每位学生对负责的具体项目或专题，拟定调查内容，列成表格或问卷形式。例如施工方法调查，填入表 5-8。

调查表 《工程施工方法》 举例　　　　　　　　　　表 5-8

采访对象：　　　　职务：　　　　职称：　　　　工程项目：　　　　地点：　　　时间：

采访问题	记录
1.地基土质？是否需换土？	
2.地基基础如何加固？	
3.管道基础的型式如何？	
4.管基是否需要养护？	
……	
……	

采访人（签名）：　　　　　　　　　　　　　记录人 （签名）：

或是另一种形式：

问卷调查《工程施工方法》举例：

施工管道材质＿＿＿＿管径＿＿＿＿耐压标准＿＿＿＿

每段管长＿＿＿＿管道接口形式＿＿＿＿垫层厚度＿＿＿＿

管基混凝土标量＿＿＿＿管座宽度和厚度＿＿＿＿

……

（1）下管的方法（可用简图表示）

（2）稳管的施工步骤：……

（3）检查井的砌筑？

（4）该工程的施工工序？

调查完后填写调查记录如表 5-9，小组立即进行资料整理，并讨论形成调查结果，写出调查报告。

调查记录　　　　　　　　　　表 5-9

学生	分工	
×××　×××	整理工程概况，施工前的准备工作。施工组织，劳动制度	根据记录材料编写出工程有关方案（图、文、视频均可采用）
	施工方法、施工技术、进度计划	

　×××　×××　　总编

调查报告内容要包括该工程的概况、施工工序、方法、施工材料、设备、工程施工组织、劳动安全规定、施工质量检查及竣工验收等（图、文、视频均可）。

7. 反馈与评价

以小组方式汇报调查成果，各小组上交汇报材料，老师评价。

（1）反馈

调查安排合理吗？时间合适吗？有哪些施工存在问题，或认识合适？有哪些收获？有改进的建议吗？等等。

（2）评价（表5-10）

对于反馈的各种信息，特别是对调查教学法应用的情况如何？一定要对此作出恰如其分的评价，其目的在于能进一步提高下一次应用调查法教学的教学能力。

评价表 表5-10

学习项目_____班级：_____　　　姓名_____　　　学号____

序号	评价内容	评价标准	分值	自我评价	小组评价	教师评价	综合评价
1	综合素质表现	工作态度、纪律性、沟通能力、团队合作与组织能力、应变能力	30				
2	工作过程	思考能力、熟练程度、采访方法	40				
3	原始记录表	记录完整性 记录内容真实性	15 15				

6 水处理工艺类课程教学主题的教学法及其应用

6.1 水处理工艺类课程教学特点和教学目标

6.1.1 水处理工艺类课程教学特点

水处理工艺类课程教学主题是给水与排水专业的核心教学主题之一。这类教学主题在行动导向教学中，水质分析及监测方法、水处理的技术原理和水处理系统的运行管理等教学内容是水处理工艺类教学主题的重要组成部分。

水质分析与检测方法等课程教学的一个明显的特点是操作性、技能性强。这类课程的教学不仅要求学生对实验室工作要求和安全知识要了解，而且对实验室仪器设备及使用管理、实验室仪器维护保养、实验室化学试剂及药品管理和实验室的安全管理等也要熟悉；更重要的还要求学生能学会实验室技术资料的管理；掌握纯水的制备与质量检验；熟练地应用水质指标与水质标准。

水处理技术原理等课程的教学特点是操作性、实践性也很强，如教学"地下水给水处理"这部分内容时，不仅要让学生学会氯消毒原理工艺及运行、清水池运行，而且还要对安全操作规程要了解，学会工作记录；在教学"地表水给水常规处理"这部分内容时，不仅要学会混凝原理工艺及运行、沉淀原理工艺及运行、过滤原理工艺及运行、清水池运行等内容，而且还要了解安全生产规范与工作记录。在"饮用水深度处理"教学中，在学会臭氧消毒原理工艺及运行、活性炭滤池原理工艺及运行的同时，还应了解安全生产规范，做好工作记录。

水处理系统的运行管理等课程的教学，对给水与排水专业学生来说，虽然教学的实践性相对要弱一些，但是，对学生管理能力的培养，在整个教学环节中仍很突出，例如，如何让学生学会对给水厂浓缩池的运行管理和污水处理厂沉淀池的运行管理，教师除了要有

"运行管理"方面的知识外，更需要专业教师要有好的教学手段与方法，才可能使学生真正学会"运行管理"。

通过对水处理工艺类课程的三个教学主题的教学特点的简单分析，应能清楚地发现，水处理工艺类课程的教学，要紧密与实践相结合，使专业教学法的选择更能与课程的教学特点相适应。

6.1.2　水处理工艺类课程教学目标

选择一个好的专业教学法，除了考虑与课程内容的紧密结合外，还有一个基本要求就是不能脱离课程教学目标。教师在明确水处理工艺类课程的三大教学主题之后，还应对这三大教学主题的教学目标有更深刻的认识。也就是说，学生在接受三大教学主题的教学之后，从教学上看，应该达到什么样的教学目标。下面对水处理工艺类课程教学目标作一简单介绍。

水质分析与检测方法教学主题的教学目标，主要是学生通过学习各种水质检验技能及检测方法，学会使用各类常规仪器设备，并对各类水样水质进行正确的检验结果和评价。能进行自来水厂和城市污水处理厂化验室的日常管理工作。

水处理技术教学主题的教学目标，主要是学生通过学习各类水处理及污水处理工艺及行业规范，掌握城市给水处理和污水处理的工艺及方法，学会使用各类仪器设备，正确处理水处理和污水处理运行过程中的各项事故。学生能进行城市给水处理和城市污水处理的日常运行管理工作。部分工作任务在教师的演示和指导下能进行模拟演练和实操实训，部分工作任务能独立或在小组合作的情况下完成，并对出水水质进行正确的检验和评价。

水处理系统的运行管理教学主题的教学目标，主要是学生通过学习水处理系统的运行管理，能进行城市给水处理和城市污水处理的日常运行管理工作，如地下水给水处理运行管理，地表水给水常规处理运行管理，饮用水深度处理运行管理等。

6.2　水处理工艺类课程教学主题的教学法分析

教学法的选择会随教学主题的不同而有变化。水处理工艺类课程的三种不同教学主题，其教学法的选择也可有不同。这种教学方法的变化，常常与教学任务时间的安排、教学对象的变化情况、教学资源丰富的程度等直接有关。当然，不同的教学主题可采用的教学法也应因地制宜。因此，在学校可提供的教学条件下，通过比较分析，合理选择相应的教学法，以期能达到好的教学效果。对水处理工艺类课程的教学主题，选择引导文教学法、模拟教学法是比较合适的教学方法，下面逐一进行简单介绍。

6.2.1 水处理工艺类教学主题的引导文教学法

6.2.1.1 引导文教学法内涵

引导文教学法是一个面向实践操作、全面整体的教学方法。学生通过此方法可对一个复杂的工作流程进行策划和操作。引导文教学法更适用于培养学生的"关键能力"，让学生具备独立制订工作计划、实施和检查工作计划的能力。更全面地说引导文教学法也是对专业能力、方法能力和社会能力的培养。该方法是通过教师提供一个书面的以提问形式出现的任务，学生完成此任务借助辅助材料。辅助材料中含有完成任务所需要的提示和必要的专业信息，采用引导问题和引导文的形式，为学生提供信息并对整个工作过程的执行提供帮助。

引导文法可实现的教学目标，主要是向成长中的专业人员介绍他们未来所需具备的技能资格，并向他们展示了一个复杂工作过程中的各个步骤。引导文法能够更好地激发学生学习积极性和取得更好的学习效果，达到培养学生承担学习和工作的责任，正确估算工作进度和独立获取信息能力。正确衡量自己的能力、技能和知识，并制定出自己的学习目标，制订周密的、有独创性的工作规划；独立按照计划完成工作、独立解决出现的问题，加强团队工作能力，检验自己的工作结果，并对成功和失败进行评估。

6.2.1.2 引导文教学法特点

1. 对"学"与"教"的要求

引导文教学法要求学生独立工作，具备针对具体问题的专业知识，从而能够借助教材里的信息文本处理任务。学生必须并能够依据引导问题完成自学。

从"学"的角度看，引导文教学法主要是学生学习如何独立制订工作计划，实施和检查。工作任务实践性强并包含掌握相应的理论知识。从而让学生以行动为导向获取知识。

学生分组工作，一起把工作流程结构化，同步工作，也就是说他们以小组为导向工作。学生首先自我评价工作，为此需要应用适合的标准和准则，可以在计划阶段由学生独立拟订出来，接着师生共同评价工作流程及工作成果。

从"教"的角度看，"教"应该在整个的操作过程中尽可能地只在一旁扮演咨询师角色。教师必须提前对工作任务和引导文进行选择。为了应用引导文教学法，需要付出相对大的功夫来做准备工作。授课教师必须制定和整理学习单元材料。引导文教学法对"教"的要求主要是通过引导文教学法缓解教师重复传授知识的问题，通过引导文教学法使教师有时间能够专心了解学生的个人学习进度和学习上所遇到的困难。

2. 引导文教学法流程

根据完整行动的原则，引导文法的实施要经历以下几个步骤：

(1) 激发学习积极性：受训生或学生在课堂上通过老师的介绍了解学习任务、操作过程和学习目标。切入主题具启发性。教师可以借助头脑风暴法把思想交流引向提出问题，进而唤起学生对工作和学习过程的兴趣。

（2）咨询：学生独立获取制订计划和执行任务所需要的信息。引导问题、制定搜寻和解决问题的进程。

（3）计划：学生通过借助一份引导材料独立制订自己的工作计划。

（4）决定：在与教师的专业对话中详细讨论经过处理的引导文和拟定的决策方案。在这一阶段教师将会检查学生是否已掌握必要的知识。

（5）实施：学生根据工作计划以团体或分工的形式执行训练任务。

（6）检查：学生独立检查和评估自己的工作结果。必要情况下学生可使用自己（在计划阶段自主开发）的工具。培训中经常使用事先设计好的检验表格。这样的材料可以让学生依据工作订单里的预先规定来检查他们的工作成果，并回答一个重要问题：即"是否专业地完成了订单？"工作任务的进程也会影响最终结果的质量。为了让学生明白这层关系，对中期成果进行检验是有好处的。

（7）评价：学生将与教师一起对整个工作过程和结果进行评价。这种对话有利于教师开发和制订新的目标和任务，使教学工作再一次回到新的起点。评价工作任务以对话形式进行。教师促使学生把自己的评价结果同客观的标准进行比较。思考整个工作任务的完成过程，回答下面的问题，为下一步行动制订改进意见："下一次必须在什么地方做得更好？"

3. 引导文教学法的组成

引导文教学法基本上由四部分组成：引导问题；工作计划；检查表格；引导句。

（1）引导问题

引导问题是引导文的核心。它引导学生独立获取所需信息并针对布置下来的任务拟订工作计划。为使教师较好地了解学生的学习进度和可能遇到的困难，这些引导性问题应以书面形式回答。

（2）工作计划

工作计划将由学生独立完成并与教师讨论。一张供学生填写的表格会在他们制订工作计划时起辅助作用。表格里可以填写该工作计划的各个步骤以及必要的材料、工具和设备。

（3）检查表格

学生用检查表格评定工作结果。检查表里的重要质量标准围绕给定的任务，如有可能，质量标准将由学生独立拟订完成。

（4）引导句

引导句包含了为解决任务所需的所有信息。引导句篇幅首先取决于任务的类型和复杂度。为新的专业内容独自拟订的信息资料是一个很好的学习辅助工具。如果学生可以独立使用材料，也要提供手册、表格、图纸和专业书籍供他们使用。

引导文教学法可帮助学生了解自己的知识缺陷和能力差距，便于了解如何获得更全面的知识（专业书籍，规定等），使学生在工作计划和执行过程中，可能融入个人的学习、行动和行为方式，在课堂上建立了一个良好的合作基础。

引导文教学法可以使学生自己确定学习速度。教师对学习进行系统引导，它符合一个完整行动的结构，处理一项任务时结构清晰并保证提供必要的信息。学习内容是由工作任务来确定的，由行动系统化替代了专业系统化。

6.2.2 水处理工艺类教学主题的模拟教学法

6.2.2.1 模拟教学法内涵

模拟教学法指的是按照时间发展顺序，在模型的辅助下，按照事情发展的逻辑顺序及其依存关系和相互作用来复制事件、流程（过程）。它采用仿真模型（模拟器）来取代真实（原型），且被有目的地简化，并按照时间发展顺序，塑造出原型的基本特征和功能关系。

模拟教学法是运用模拟器或模拟情境使参与者在接近现实情况下扮演某个角色，并和其中的人或事产生互动，以达到预期的学习目的。模拟教学法融合了情景教学、实践教学、案例教学等教学模式的优点于一身，符合职业教育思路。模拟教学以假代真，为学生提供仿真的实践环境，使学生在生产组织、工艺程序、现场技术等方面得到训练，学生在模拟的工作岗位上扮演职业角色，达到走上工作岗位后的零适应期目标。模拟器可以是真实物质的功能模型：与原型一致的，例如按 1∶1 比例的飞机模拟器、汽车驾驶模拟器；缩小版的，例如，铁轨模型，机器人模型等。也可以是抽象的功能模型，例如纸/铅笔模型；软件模型，例如表格计算、控制程序的监测系统、模块导向的物流模拟器等。

6.2.2.2 模拟教学法教学特点

1. 模拟教学法的应用领域

主要应用于复制运动流程及其控制逻辑，例如，复制机电一体化装置中数控机床的夹具、拱架机器人、联动机器人、步行机器人、车；复制单个或者生产链式的手工和机器的生产流程；复制物流的运输、仓储、包装、信息过程及物流系统的控制手段；复制商业贸易流程中的信息流以及商业战略决策的效应、对顺序问题和资源分配的安排决策的影响、物流及生产系统的短期流程（例如生产过程的开始和结束）以及长期发展等领域。

2. 模拟教学法教学流程

一般由准备—计划—实施—评价—反馈五个阶段组成。

（1）准备阶段：学生熟悉现实的问题，解决问题所需的知识和提出的问题；熟悉真实系统（模拟器）的功能模型；弄懂评估、观察和测量等目标及分类的情况。

教师确定学习目标和学习领域，解释模拟法应用的类型（演示、训练、功能测试或者模拟实验），开发学习材料：①描述现实的问题，解决问题所需的知识和需弄明白的问题。②按照以下步骤开发真实系统的功能模型（模拟器）：弄清原型/模型的相似关系；选择"模型材料"；确定学生在模拟中要接受的任务；计划时间并控制模拟；在实时模拟的过程中做记录并搜集信息；"制造"仿真模型；功能测试和确认。编写学习材料：描述仿真模型的工作原理和模拟器的使用；使用学习材料（A）和（B）和模拟器尝试解决问题，通过第三方来确定所需的修改时间。

（2）计划阶段：学生对预计取得的结果、相互联系及发展提出假设；对模拟试验和运行作计划，例如数量、模型时间长度；弄懂每个实验，例如输入值、初始条件和测试条件。

（3）实施阶段：学生进行初始状态设置；开始模拟操作，观察并结束模拟运行；执行必要的行动，作决策；保存模拟结果和模拟流程的信息。

教师辅导实施：知识检测，检测学生在自学中掌握的知识（学习材料）；指导学生独立操作模拟器；回答出现的问题，必要时提供帮助；观察工作进程；搜集反复出现的问题和需完善的条件。

（4）评价／汇报阶段：学生评价收集到的信息，对结果进行提取总结和介绍；相互比较系列实验的结果；决定进一步的实验；得出结论，将结果存档；汇报结果。

教师在以下方面辅导学生进行评价：比较性的对结果进行介绍；得出结论；对操作方法进行介绍；听取报告并讨论结果；教师(向学生)提问；组织其他模拟小组的同学进行提问。

（5）反馈阶段：学生将结果与一开始提出的假设进行比较；对个人知识增长进行反思，有以下方面：专业知识和相互关系，解决问题的操作方法，必需的时间和时间计划。

教师进行评价反馈，评价关于以下方面的知识增长：预计出现的／意料之外的结果、程序和工作方法。最终评价的成绩组成：模拟器的实际操作、结果汇报(演讲)、总结报告等。

3. 模拟教学法内容

模拟教学法主要是通过模拟器进行教学，可以让时间连续或者分阶段步骤，也可以按照实时速度，加快（抓快）或者变慢（采用慢镜头）。时间的控制可以由学生独立手动（逐步进行）或者模拟器自动（按照输入的数据）来进行。

在模拟教学过程中，学生面对着一个贴近实际情况动态变化的问题。他能够积极主动，自己组织安排以下行为：掌握并训练技能；尝试应用知识，做出决策，解决问题；在时间压力下进行工作，搜集经验以及有目标地进行实验。在模拟法的帮助下单个的学生或者学生小组可以独立处理个性化的学习问题，使学生始终有着系统化的操作方法。培养学生使用模拟法来解决复杂问题的能力。学生通过观察一段时间内的流程，理解其中的逻辑关系，实验探究学习，激发学生的积极性和好奇心，并进行系统的思考和有计划的行动。

采用模拟教学法教学，教师需预先确定：学习目标和学习领域、问题的情境、知识目标、学习用品（模拟器）。学生弄懂并独立计划：解决问题的途径，使用模拟器（作为辅助设备），评估结果。学生独立完成：开始、观察和监测模拟运行，对模拟结果进行收集，评估并存档，修改仿真模型，相关参数和重复进行模型试验，对所获得的知识进行反思。教师在此扮演咨询者和支持者的角色。

模拟教学法教学要选好相应的模拟器，不同的教学内容模拟器的选择是不同的。有的是做与机器互动过程的演示：开机、关机、重复；有的是作训练行动和决策的互动，如反复练习作决策和流程（步骤、顺序、在变化的条件下），目标是检测是否符合目标、成功率或者所需时间；也有自主研发的控制器，系统配置或者带有电力资源和电容量的设备互动的功能测试如开机、关机、重复，目标是控制流程顺序、运行轨道、达到目标、自由碰撞、所需时间、生产效率（频率／时间、数量／时间、时间利用率……）；甚至有的模拟器还可作与系统互动的实验，如有针对性的修改参数、模型系统的结构、控制逻辑、仿真时长或者模拟过程的开始与结束等，目标是控制优化目标大小，例如，控制生产效率、消除颈项、资源利用、容量大小，修改决定的作用。

4. 模拟教学法优缺点

（1）模拟法的优点

可以模仿复制出危险、昂贵、复杂的情景，来达到学习、测试和实验的目的；可以组织安排个人独立工作和团队合作；可以通过观察和实验来加深对动力系统和加工过程中复杂的相互作用的理解；支持个人对所做决定和采取的结局方案在短期和长期内的功效进行自我检查；可以检测个人能力和技能；可以实现个人探究性的学习；一个模拟器可用于多种不同的学习目标和问题情境。

（2）模拟法的缺点

必须拥有仿真模型（模拟器），并且该设备要可供教学使用；模拟器的研发与制造成本很高，需要一定的时间和资源；在学生个体进行搜寻、修改和实验策略的咨询时，要求对可能出现的错误和学生必须清楚阐明的因果关系要进行大量讨论。

6.3 水处理工艺类课程教学主题的教学法案例

6.3.1 "水厂给水处理运行中絮凝池改造"引导文教学法案例

1. 教学情景描述

某一中小型自来水厂，处于供水淡季，欲对水厂一水处理设备进行改造，将原回转式絮凝池拟改为往复式絮凝池,请工程技术人员进行工艺改进和绘制工艺图，见图 6-1、图 6-2；改造后的往复式絮凝池要求水的流量 75000m³/d，絮凝时间采用 20min，为配合已建成的平流沉淀池宽度和深度，絮凝池宽度 22m，平均水深 2.8m。

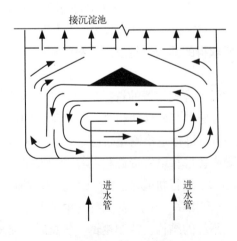

图 6-1 回转式隔板絮凝池

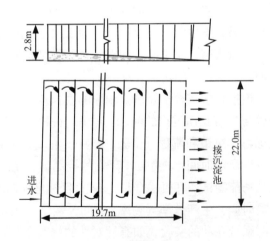

图 6-2 往复式隔板絮凝池

2. 教学任务

与企业相关工程技术人员合作，由 3 ~ 4 个人成立小组，互相探讨，相互交流，相互分工组成项目改造团队。通过一定的水力学计算和工艺改进，寻找原回转式絮凝池使用中存在的问题，主要从工艺上进行改进，确定出往复式絮凝池工艺尺寸，并将改进后的数据，在图纸上按比例绘出。

3. 教学目标

了解给水处理运行中的絮凝原理；

了解有关的水处理设备改造的主要参数；

了解设备改造中的工艺流程及规范要求；

认识往复式絮凝与回转式絮凝在原理与结构两方面的区别，见图 6-1、图 6-2；

从工艺改造出发确定改造方案并定出相关尺寸；

学会通过手册查找相关数据和参数；

按改造后的絮凝池尺寸作图，绘制改造后的絮凝池方案图；

评价絮凝池改造前后的结果。

4. 教学准备

给排水工程设计手册——第 1、3 册；

给排水设计规范；

网络，给排水工程图；

回转式絮凝池图纸一套；……

相关参考资料（教科书、引导文教学法资料等）。

5. 引导文教学法相关资料介绍

引导文教学工作开始之前，请阅读下列内容：

（1）引导文将信息获取（计划）与实践应用和检验联系起来。工作任务的顺序一般情况下不能更改和替换，即使是替换后问题回答的结果相对更好。

（2）引导文并不是呆板不变的，而是应当根据企业实际情况来使用。因此引导问题可以更改或补充。

（3）引导问题以及问题分析中出现困难的学生应与教师讨论。原则上学生应独立分析解决引导问题。其结果应由学生与教师共同进行评价。

（4）与学生共同分析工作任务能够促进相互间的信息沟通交流。成功的重要标准并不是尽可能减少错误，而是学生去练习，如何独立地分析和完成某个任务。

6. 回转式絮凝池改造——往复式絮凝池

● 改造前的准备

（1）你了解絮凝池的类型吗？回转式絮凝池存在哪些问题？

请你列出从书本学到的、参观所见的、相关专业书籍或网上查找到的絮凝池类型的信息、图片等。

（2）你了解到的往复式絮凝池的特点有哪些？

（3）比较往复式絮凝池与回转式絮凝池优缺点？

（4）往复式絮凝池的结构（必要的工艺尺寸、制图、手绘、照片均可。在图6-3上标出要进行改进的工艺结构）。

（5）你能绘出往复式絮凝池的结构草图吗？

（6）如何从水量出发改进絮凝池结构？

（7）你能确定池体容积、选择合适的计算公式吗？

（8）暂不考虑往复式絮凝池厚度的情况下，你能确定池的净宽度吗？

（9）你能否通过查阅相关的手册等资料，分段确定进水和出水流速？

（10）你能否通过查阅有关公式，对每段廊道宽度、每段流速进行确定？

（11）你能否通过水力计算，确定每段的沉积水头损失和局部水头损失？

请查找有关水力学知识，查有关公式和设计参数计算，计算结果列入表6-1；

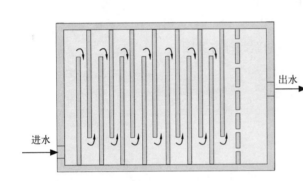 

图6-3　往复式絮凝池

廊道相关参数计算结果一览表　　　　　　　　　表6-1

廊道分段数				
各段廊道宽度（m）				
各段廊道流速（m/s）				
各段廊道数				
各段廊道净宽（m）				

（12）如何确定每段往复式转弯的过水断面尺寸？

（13）如何确定絮凝池设计的宽度（考虑往复式的厚度）？

（14）需要进行水力校核，如何验算G、GT值？

根据公式计算，验算结果在规范允许值内，则满足要求，该设计可行。如超出允许值外，则不满足要求，需重新进行计算，找出问题的原因，从（8）开始计算至（11）。

（15）你能将计算结果作图表示？按比例作平面图和剖面图，标出相关工艺改进尺寸。

（16）你知道有关环保应用知识吗？你能提出节能措施吗？（例如可提供给厂家可供参考的环保材料）

● 小组人员分工情况

前期准备：资料、信息收集（含规范、手册、工具书、图纸等）；

改造方案确定：回转式絮凝池问题分析、往复式絮凝池方案的提出（含设计、计算、工艺改进）；

绘制工艺图与加工图；

确定每人完成的工作内容；

● 改造方案实施

选择合适的絮凝池改进参数；

确定往复式絮凝池的池体结构；

寻找可用的规范及要求；

从已定的改进方案出发，确定絮凝池整体改进的步骤与方法；

绘制实际施工图纸；

对老式絮凝池改造和往复式絮凝池建设进行总结；

归纳出改造老式絮凝池的方法和手段（包括资料、方案、工艺）；

絮凝池改造的体会，对"设计"有何建议？对环保及节能减排有何建议？

● 反馈及评价

与老师一起评价（表6-2）。该絮凝池改造是否合理？可行？

个人项目测试评价表　　　　　　　　　　　表6-2

序号	评价内容	评价标准	分值	自我评价 20%	小组评价 30%	教师评价 50%	综合评价
1	接受任务态度和认识程度		20				
2	掌握和运用信息工具的能力		15				
3	团队合作与组织能力		15				
4	制订计划和执行任务的能力		20				
5	解决及分析问题能力		20				
6	知识学习的能力		10				

6.3.2 "进水BOD超高处理"的模拟教学法案例

1.教学情景描述

某城市污水处理厂，其处理规模为100万 m^3/d，采用全自动控制系统进行污水处理运行控制和管理。污水处理厂采用传统活性污泥法二级处理工艺：一级处理包括格栅、泵房、曝气沉砂池和矩形平流式沉淀池；二级处理采用空气曝气活性污泥法。该厂原污水水质：BOD5：200mg/L，COD：500mg/L，SS：250mg/L，NH3—N：30mg/L，PH：6—9，T：15C-25C。处理厂出水水质标准：达到国家二级排放标准（GB8978—88）：BOD5 < 20mg/L，SS < 30mg/L，NH3—N < 3mg/L。

一天，中控室技术员发现控制系统有报警项目，马上向调度室发送情况报告，调度室调度员按水质数据情况分析发现问题是进水的 BOD 超高。于是调度员马上分析问题，并在中控室的操作系统上进行处理。如果你是这位调度员，你将会如何解决并完成操作？

2. 教学任务

（1）加深认识活性污泥生物处理原理、工艺及运行；

（2）认识城市污水处理厂中控室的管理制度；

（3）运用《城市污水处理仿真软件》进行城市污水处理的运行和管理；

（4）利用《城市污水处理仿真软件》的培训功能，进行 BOD 超高项目的仿真实训与测评。

3. 教学目标

（1）叙述城市污水三级处理工艺 – A2/O 工艺流程；

（2）学会厌氧池、缺氧池及曝气池的作用及运行管理；

（3）正确分析"进水 BOD 超高"事故原因，制订计划，排除事故；

（4）正确填写值班记录。

4. 教学准备

（1）认识《城市污水处理仿真》软件

《城市污水处理仿真》软件是按照高碑店污水处理厂二期工程为原型。高碑店污水处理厂是北京市建设的第一座大型城市污水处理厂，也是目前国内最大的城市污水处理厂，其处理规模为 100 万 m³/d（分二期建设），按照北京市的远景规划，其最终规模将达到250 万 m³/d。

该仿真软件是模拟高碑店污水处理厂中各工段的正常操作、常见设备故障操作、常见工艺事故处理操作。利用动态模型实时模拟真实工艺反应装置现象和过程，通过仿真工艺反应装置进行互动操作，产生和真实工艺反应一致的结果。

《城市污水处理仿真》软件主要设置以下培训工艺：污水处理工段仿真、污泥处理工段仿真、活性污泥单元工艺仿真、消化池单元工艺仿真、初沉池单元工艺仿真、氧化沟单元工艺仿真。各培训工艺都设置相应的培训项目（即污水处理运行中的意外和故障）。学生可以通过该软件设定的各种意外和故障，训练学生正确操作方法。软件能对学生的操作具体步骤进行智能评分，可直接得出综合分数，对学员的操作给予客观评价。其中"进水BOD 超高"项目是活性污泥单元工艺部分的培训项目。

《城市污水处理仿真》软件的主要技术特点有：

①"单机练习"：提供用户单机的培训模式；

②"局域网模式"：提供用户联网操作，培训老师可以查看，管理学员（需配套教师站）；

③ "联合操作"：提供一个学习小组操作一个软件的模式，提高学员的团队意识和团队协调能力（需配套教师站）；

④ "广域网在线运行（simnet 模式）"：支持异地的学员通过互联网进行远程培训；

⑤ "教师站"：提供练习、培训、考核等模式，并能组卷（理论加仿真）、设置随机事故扰动，能自动收取成绩等功能。

(2)《城市污水处理仿真》软件功能学习

① "切换培训项目"：可以随意切换同一软件中的不同单元；

② "切换工艺内容"：可以随意切换同一单元中的不同工况；

③ "进度存盘 / 重演"：在硬盘上将当前状态进行存档和读出；

④ "系统冻结 / 系统解冻"：暂时停止计算机模拟计算，但不会丢失数据；

⑤ "趋势画面"：可以查看不同操作引起的相应工艺参数变化；

⑥ "报警画面"：时时显示超出正常工艺范围的变量及参数；

⑦ "智能评分"：提供即时操作指导信息，对学员操作进行同步监测与评判，并给出相应成绩；

⑧ "DCS 风格"：提供 Honeywell、Yokogawa 等企业的 DCS 风格，并提供通用 DCS 风格方便对使用不同 DCS 的员工进行培训。

(3) 活性污泥单元使用说明

① 工艺原理

活性污泥工艺是城市和工业污水二级处理广泛采用的工艺，用于降解污水中的有机污染物。活性污泥法的主要设备是曝气池。曝气池中，在人工曝气的状态下，由微生物组成的活性污泥与污水中的有机物充分混合接触，并将其吸收分解。然后混合液进入二沉池，实现污泥与水的固液分离，一部分污泥回流到曝气池，以维持曝气池中的微生物浓度；另一部分污泥则作为剩余污泥被排出；处理后的水则由溢流堰排出。

活性污泥系统的工艺参数包括：

a. 入流水量 Q。

Q 的变化会导致活性污泥量在曝气池和二沉池内的重新分配。

● Q 增大，部分曝气池内的污泥转移到二沉池，使曝气池内 MLSS 降低，有机负荷升高。而实际此时曝气池内需要更多的 MLSS 去处理增加了的污水，MLSS 不足会严重影响处理效果。同时，Q 增加，会导致二沉池水力负荷增加、泥位上升，使污泥流失，出水水质变差。

● Q 减小，部分活性污泥会从二沉池转移到曝气池，使曝气池 MLSS 升高，而此时曝气池实际并不需要太多的 MLSS。

b. 回流污泥量 QR 和回流比 R。

QR 是从二沉池补充到曝气池的污泥量。运行时，采用回流比控制回流量，可以适应入流水量一定范围的变化，保持 MLSS 和有机负荷 F/M 的相对稳定。

c. 入流水质。

主要包括 BOD 和 NH3-N。

BOD 升高，引起有机负荷 F/M 升高。应增加回流污泥量，提高曝气池内 MLSS 含量来降低有机负荷。

NH3-N 升高，应提高曝气量，增加溶解氧浓度提高的硝化程度，同时硝化属于低负荷工艺，应增大回流比，提高曝气池内 MLSS 浓度，降低有机负荷。二沉池要增大排泥，防止反硝化，引起污泥上浮和污泥流失。

d. 有机负荷。

F/M 影响到：A. 处理效率；B. 污泥产量；C. 需氧量；D. 固液分离。

● F/M 低，系统中的有机物不足以维持微生长物的生长，微生物减少，影响处理效率。

● F/M 高，微生物产量高，底物去除率也高，但丝状细菌占优势，形成污泥膨胀，沉降性能差，影响二沉池出水水质。

② 工艺流程与控制方案介绍

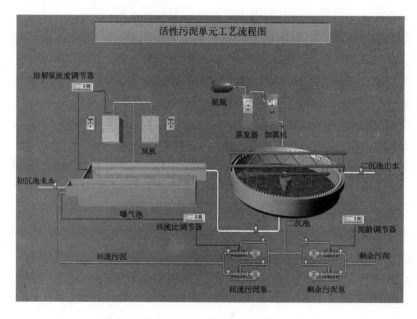

图 6-4　工艺流程与控制方案

a. 曝气池与曝气系统。

经过一级处理的污水与二沉池回流的污泥在曝气池前端混合，然后进入曝气池，混合液在人工曝气的状态下进行微生物降解。曝气池采用矩形三廊道，鼓风曝气，曝气头采用膜片橡胶微孔曝气器。曝气控制系统由鼓风机调节阀、溶解氧传感器和调节器组成，调节器根据测得的溶解氧浓度来调节鼓风机调节阀，以控制曝气量和溶解氧浓度。

曝气池运行方式为中负荷普通活性污泥法，有机负荷控制在 0.16Kg BOD5/（Kg MLSS. d）左右，混合液浓度控制在 2400～2800mg/L，溶解氧浓度为 2.0mg/L，泥龄 8～10天，回流比为 0.9。

b. 二沉池。

曝气池出来的混合液由二沉池底部进入,在二沉池进行固液分离,分离出来的污泥由静压吸泥机排出。二沉池采用辐流式中心进水周边出水沉淀池,同时设有加氯装置,以抑制丝状菌膨胀,防止污泥上浮。

二沉池运行时要保持稳定的表面负荷、停留时间和较高的回流污泥浓度,出水应符合出水标准(BOD < 16mg/L,NH3-N < 3mg/L,SS < 30mg/L)

c. 回流污泥系统。

回流污泥系统由污泥、回流泵变频器、回流比调节器、曝气池进水流量计组成,回流污泥流量通过回流比调节器控制。控制回流比恒定可以适应水量在一定范围内的波动,保持曝气池内有机负荷、混合液浓度及二沉池泥位的基本恒定,正常运行状态下,回流比控制在0.9左右。回流污泥泵采用定容式螺杆泵,通过变频调速可以改变流量。

d. 剩余污泥排放系统。

剩余污泥系统由污泥泵变频器、泥龄调节器、曝气池混合液浓度传感器组成,剩余污泥排放量由泥龄调节器控制,以保证污泥的泥龄和活性污泥中微生物的比例,正常运行状态,泥龄控制在8 ~ 10天。剩余污泥排放,也采用定容螺杆泵。

③ 主要设备及调节器、显示仪表、现场阀见表6-3。

主要设备、调节器、仪表　　　　　　　　　　表6-3

设备	调节器	显示仪表	现场阀
曝气池 二沉池 鼓风机 回流污泥泵 剩余污泥泵 氯瓶 加氯机	溶解氧浓度调节器 回流比调节器 泥龄调节器	进泥流量 回流流量 曝气量 有机负荷 曝气池液位 二沉池液位 二沉池泥位 余氯量	曝气池进水阀 二沉池进水阀 污泥泵前后阀 加氯量调节阀

④ 培训项目见表6-4 ~表6-11

a. 处理负荷增大(表6-4)

b. 泡沫问题(表6-5)

c. 进水 BOD 超高(表6-6)

d. 进水 NH3-N 超高(表6-7)

e. 污泥膨胀(表6-8)

f. 污泥上浮(表6-9)

g.1 号回流污泥泵故障(表6 - 10)

h.1 号风机故障(表6-11)

培训项目 （1）   表 6-4

事故名称	原因与现象	操作步骤
处理负荷增大	1.处理负荷增大，部分曝气池内的污泥转移到二沉池，使曝气池内MLSS降低，有机负荷升高。而实际此时曝气池内需要更多的MLSS去处理增加了的污水 2.二沉池内污泥量的增加会导致泥位上升，污泥流失，同时，导致二沉池水力负荷增加，出水水质变差	1.增大溶解氧浓度设定值 2.剩余污泥泵自动切手动，减少剩余污泥排放，保证有足够的活性污泥 3.回流污泥泵切手动，并提高回流量，以提高曝气池混合液浓度、降低有机负荷

培训项目 （2）   表 6-5

事故名称	原因与现象	操作步骤
泡沫问题	当污水中含有大量的合成洗涤剂或其他起泡物质时，曝气池中会产生大量的泡沫。泡沫给操作带来困难，影响劳动环境，同时会使活性污泥流失，造成出水水质下降	增大回流比，提高曝气池活性污泥浓度

培训项目 （3）   表 6-6

事故名称	原因与现象	操作步骤
进水BOD超高	BOD超高，导致曝气池有机负荷升高，溶解氧浓度下降，出水水质超标	1.增大大溶解氧浓度设定值 2.剩余污泥泵由自动切手动并减少剩余污泥排放，保证有足够的活性污泥 3.回流污泥泵切手动，提高回流量及曝气池混合液浓度、降低有机负荷

培训项目 （4）   表 6-7

事故名称	原因与现象	操作步骤
进水NH3-N超高	1.NH3-N升高，溶解氧浓度下降，硝化程度降低 2.二沉池发生反硝化，泥位上升，污泥流失	1.提高溶解氧浓度 2.增大回流，降低污泥负荷，使硝化充分进行

培训项目 （5） 表 6-8

事故名称	原因与现象	操作步骤
污泥膨胀	丝状菌膨胀，引起污泥膨胀，使二沉池污泥上浮，导致活性污泥流失，出水水质下降	投加液氯，抑制丝状菌膨胀

培训项目 （6） 表 6-9

事故名称	原因与现象	操作步骤
污泥上浮	由于反硝化作用，产生氮气导致二沉池污泥上浮，使活性污泥流失，出水水质下降	增大剩余污泥排放量，以缩短二沉池污泥的停留时间

培训项目 （7） 表 6-10

事故名称	原因与现象	操作步骤
1号回流污泥泵故障		1.关闭1号污泥泵开关和前后阀 2.打开2号污泥泵开关和前后阀 3.切换变频控制器

培训项目 （8） 表 6-11

事故名称	原因与现象	操作步骤
1号风机故障		1.关闭1号风机开关 2.切换风机出口控制器

5. 小组人员分工情况

(1) 分组：1～2人/组。

(2) 每个小组选出组长，作为负责人，并由组长分配任务，落实小组各成员的主要责任。

6. 设计实施

(1) 步骤1——准备

① 请介绍《城市污水处理仿真》中的生物处理工艺流程。

软件

② 进水 BOD 超高，使哪些水质参数发生改变，怎样改变？

_____

③ 进水 BOD 超高，对污水处理运行带来什么影响？

_____

④ 作为调度员，你知道中控和调度室的职责吗？
查阅网页：http://www.docin.com/p-9868288.html，获取相关知识。

_____

(2) 步骤 2——计划
① 小组讨论，制定实施计划。

_____

② 按计划进行小组成员工作任务的分配，（表 6-12）。
③ 填写调度单，表 6-13。

小组成员任务分配   表 6-12

成员姓名	工作任务	权责分配	时间安排

污水处理厂生产调度单   表 6-13

编号   第   联   日期

签发时间		签发人		审核	
执行部门			负责人		
协助部门			负责人		
调令内容					
备注					

制表人：

(3) 步骤 3——实施
① 按计划安排实施操作，解决"进水 BOD 超高"问题。
② 密切关注水质参数的变化，以更好地判断所定计划的合理性。
③ 记录存在的问题，按需调整计划：

_____

④ 生产调度单执行情况（表 6-14）

×××号调度单执行情况 表 6-14

填表人： 天气：

执行部门		负责人		执行人员	
协助部门		负责人		协助人员	
接令时间		执行时间		回执时间	
处理过程					
处理结果					
备注					

注：本表由调度单执行部门填写，填写完毕后交回生产调度室。

（4）步骤 4——评价／汇报

① 各小组对结果进行提取总结和介绍（可将步骤 3 中的问题提出，供各小组讨论），记录下所讨论的问题和解决办法。

② 相互比较各小组的处理结果，得出最佳解决办法。

③ 各小组修正自己的工作计划，重新完成任务。工作计划如下：

_____

④ 将结果存档并汇报结果。

⑤ 填写工作汇报表（表 6-15、表 6-16、表 6-17）

（5）步骤 5——反馈

污水处理厂调度单发放及执行情况登记表 表 6-15

值班人： 天气：

编号	调度单内容	原因	处理方式	执行部门	执行结果	备注

污水处理厂生产调度值班记录　　　　　　　　　表 6-16

日期：　　　　　　星期：　　　　　　天气：　　　　　　值班人：

报告时间	报告部门	报告人员	报告内容	处理方式	处理结果	备注

中控室值班日志　　　　　　　　　表 6-17

值班人		值班日期	年　月　日
值班记录			
下一班次 注意事项			
交班人		接班人	

① 解决"进水 BOD 超高"问题，应用的理论知识是什么？

_____

_____

② 总结解决问题的操作方法。

_____

_____

③ 所需的时间和时间计划。

_____

_____

7. 反馈及评价

小组互评，与教师一起评价，实验效果和结论，填入表 6-18。

个人项目测试评价表 表 6-18

序号	评价内容	评价标准	分值	自我评价 20%	小组评价 30%	教师评价 50%	综合评价
1	接受工作任务的态度和对项目任务的认识程度		20				
2	掌握和运用现代信息工具的能力		15				
3	团队合作与组织能力		15				
4	制定的工作计划的能力和执行工作任务的能力		20				
5	解决问题及分析问题的能力		20				
6	相关知识的学习能力		10				

7 设备操作与安全管理类课程教学主题的教学法及其应用

7.1 设备操作与安全管理类课程教学特点和教学目标

7.1.1 设备操作与安全管理类课程教学特点

设备操作与安全管理类教学主题是给水与排水专业的核心教学主题之一。这类教学主题在行动导向教学中，电工应用及电气设备、水泵运行与维护、水厂设备控制与操作、安全生产管理等教学内容是设备操作与安全管理类教学主题的四个重要组成部分。

电工应用及电气设备类教学内容，主要由"常用电工工具操作技能"、"电气控制设备维护检修"以及"电子设备维护与检修"三部分组成。这部分教学内容基于电气技术在中等职业学校给水与排水专业的生产现场实际需要和发展状况而形成的，应用性与实践性强。通过课堂教学与实验环节，主要是使学生正确掌握电工基本操作技能、常用低压电器、电气设备基本控制线路、给水排水工程运行设备管理与维护、PLC 技术基础等专业知识与技能。学生通过对这类课程教学内容的学习，能了解到我国目前给水排水系统的电气设备、线路及装置的安装，并具备实施给水排水电气设备安装施工方面的能力。这类课程的教学，不仅要使学生获得学习后续专业课程所必需的电工基本理论知识、基本实操技能，更重要的是培养学生分析问题、解决问题的能力。传统的课堂教学方式侧重于理论知识的传授，而忽视分析能力的培养，而这种能力的培养恰恰是对于后续的水电综合类课程学习至关重要。

水泵运行与维护类教学内容，在给水与排水专业领域中应用广泛、实践性很强，主要由"卧、立式离心泵装置系统安装"、"水泵运行管理"、"水泵拆装与检修"三部分组成。学生通过对这三部分教学内容的学习，主要能了解各类常用水泵的类型、水泵的结构、水泵的性能以及学会对水泵的操作和使用。同时还要了解和分析水泵的常用故障，并对简单的故障进行排除，可对水泵运行进行日常维护和管理。

水厂设备控制与操作类教学内容,主要由"给水排水工程运行设备管理与维护"及"电气设备基本控制线路及 PLC 技术基础"等部分组成。学生通过对这两部分教学内容的学习,主要是使学生了解污水处理厂和给水厂中常用电气设备及仪器、识别各类设备的型号、能理解和分析参数和数据,掌握设备和仪器的正确使用及操作流程和方法,可独立进行现场管理和控制。教学内容涉及面较宽,内容的操作性强。

安全生产管理类教学内容,主要是使学生将来从事给水排水工程施工时,提高其安全生产和文明施工管理水平,以及有效预防伤亡事故的发生。这类教学内容,安全生产管理的案例丰富,甚至对给水排水工程施工、操作、维护中伤亡事故类别及其产生原因都有详实的描述与分析。设备操作与安全管理不但关系着施工人员的安全、企业的安全,还牵涉到社会的稳定。可以说,安全管理是一切管理的前提。针对安全管理在企业管理中的重要地位,根据现代安全管理的环境与标准,课程在这部分的教学内容中系统阐述了安全理论的发展历程、安全管理原理,并依据安全管理体系,深入介绍了安全管理的防范手段与应对措施,能够指导企业实现安全科学管理、确保企业健康和谐发展。

7.1.2 设备操作与安全管理类课程教学目标

从上节内容可看出,一种合适的教学方法的选择,除了要考虑教学特点外,还要注意教学主题的教学目标。在不清楚教学目标的情况下进行教学法的选择,一是使教学法的选择无方向,二是使所选的方法达不到应有的教学效果。下面就设备操作与安全管理类教学主题的四部分教学内容的教学目标分别作一介绍。

电工应用及电气设备类教学内容的教学目标主要是使学生能规范和使用各种常用电工工具、测量仪表和设备,基本掌握和运用电工电子基本概念完成常见照明灯具安装、简单电子线路板的安装、基本电力拖动控制线路的接线,并通过工作任务学会文明生产施工规程、安全用电知识等工作要求。学完本类课程后,学生应当能够独立进行白炽灯、日光灯等常见照明灯具的安装和故障判断及维修;能根据电路图用指定电子元件连接稳压电路,并能口述电路的工作原理及各元件的作用;正确使用万用表、摇表进行实际测量并准确读数;根据电力拖动控制原理图进行三相异步电动机的控制接线;能正确使用梯子、手电钻、绝缘工具、试电笔、喷灯等各种低压电工常用工具;掌握安全用电知识;学会使触电者脱离电源的正确方法和现场救护能力。

水泵运行与维护类课程的教学目标主要是使学生了解水泵在给水排水工程中的作用和地位,能够叙述常用水泵的工作原理、性能和基本构造,掌握离心泵和轴流泵装置运行的基础知识,并对水泵站的运行维护有一定了解。通过本类课程学习,满足学生对专业知识系统化的要求,能够拆装水泵,初步选用水泵,并学会安装、操作和管理水泵装置,以适应社会相关岗位需要。

水厂设备控制与操作类课程的教学目标是使学生了解污水厂和给水厂中常用电气设备及仪器,识别各类设备的型号,能理解和分析参数和数据,掌握设备和仪器的正确使用及操作流程和方法,可独立进行现场管理和控制。通过课程学习,学生能学会了解常用水厂各类型设备的规格、工作原理、使用方法、仪器和设备的维护技能以及相关的电气应用知识，安全生产意识。

安全生产管理类课程的教学目标主要是使学生了解劳动保护与安全生产的基本方针政策；熟悉给水排水工程、脚手架、高处作业等分部工程及水厂、污水处理厂常规操作的安全技术要求；熟悉高压作业、临时用电、水厂及污水处理厂供配电、起重吊装、给水排水施工设备的安全规程和操作要领；熟悉本专业职业卫生的防治措施。

综上所述，设备操作与安全管理类课程教学主题的教学法选择，如何与"操作"和"安全"相结合至关重要，教师从教学主题选择的基本原则出发，考虑这类教学主题的实际情况，选择用"项目教学"和"案例教学"的教学方法还是恰当的。

7.2 设备操作与安全管理类教学主题的教学法案例

7.2.1 "离心泵结构及功能"项目教学法案例

1. 教学情景描述

上海某污水处理厂拟对一批已到维修期的输送设备离心泵进行检修。厂方已提供了将待拆装并将要维修的各类离心泵多台。现场维修人员已准备了若干套拆装用工具，要求学生充分认识到，泵的好坏直接影响到生产是否正常进行，泵的正确安装使用和维修保养将起重要的作用。

2. 教学任务

通过现场对一台单级单吸卧式离心泵的拆卸安装，认识水泵结构，了解各构件的功能与作用，对拆卸下的离心泵零部件进行描述，并对拆卸安装过程和拆卸中所遇到的问题加以叙述，再结合课堂教学内容，对离心泵常见故障加以分析并提出解决方法。

3. 教学目标

（1）显性目标：

① 项目岗位技能目标：

a. 学会正确选用离心泵拆装工具；

b. 能够按步骤进行离心泵的拆装。

② 项目专项知识目标：

a. 能够叙述单级单吸卧式离心泵的工作原理；

b. 能够叙述单级单吸卧式离心泵的结构特点和各组件的作用。

（2）隐性目标：

项目职业发展目标：

a. 培养学生完成项目任务的程序和能力，激发学生主动求学的兴趣；

b. 培养学生团结协作的精神和严谨的工作作风；

c.培养学生按计划完成工作任务的责任感和安全生产意识。

4. 教学准备

（1）离心式水泵 12 台；

（2）拆装工作台以及拆装工具 12 套；

（3）熟读项目任务和要求，学会正确选择使用离心泵拆装工具，能够按步骤拆卸离心泵，通过拆卸一台单级单吸卧式离心泵，认识水泵结构，了解各构件的功能与作用。主要有：叶轮、泵壳、泵轴、轴承、减漏环、轴向平衡装置，填料函，联轴器，泵座等；

（4）查找教材及学习资料，学习讨论离心泵工作原理、结构特点和各组件的作用；

（5）拆卸水泵准备工作：清理工作台面、戴手套、搬运离心泵就位（务必注意安全）、选用工具；拆卸顺序：拆除带座泵壳螺钉——取出带座泵壳——拆除叶轮螺母——取出叶轮——拆除后支座——拆除联轴器——拆除前后轴承压盖——拆除填料函压盖——取出泵轴——取出填料函，并将各组件有序排放（全程务必注意安全）。图 7-1 为离心式水泵拆装现场。

图 7-1　离心式水泵拆装现场

5. 教学安排

（1）学生分组，4 人一组，组长负责，进行任务分工，小组合作完成任务；

（2）本项目在学习过程中可能存在重物压伤、硬锐物划伤等受伤危险，请同学们服从安排，并严格按照安全规程或操作步骤进行，严禁在操作过程中嬉笑打闹；

（3）小心轻放，爱护工具和设备，注意保护丝扣和泵轴等连接部位；

（4）组织及计划，如图 7-2 所示。

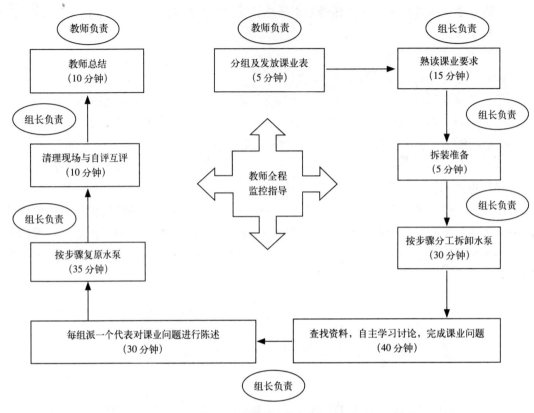

图 7-2   离心泵拆装项目教学法流程

6. 现场操作

（1）学生解剖水泵 30 分钟

离心泵结构图见图 7-3，学生解剖离心泵实训现场见图 7-4。

（2）完成下列内容（40 分钟）

解剖过程中，学生需填写表 7-1、表 7-2。

7. 迁移能力

请回答下列问题：

（1）给这台离心泵取个名字，越全面越好？名称中"级"和"吸"是指什么？

（2）它的工作原理应该怎样陈述？

（3）各部件还有哪些不同的类型？

（4）它有密封环吗？为什么？

（5）请正确表述水封环的作用？

（6）它的轴向平衡装置有什么用？

（7）你认为该泵哪些组件比较容易损坏，为什么？

（8）你知道它的各组件的材料是什么吗？

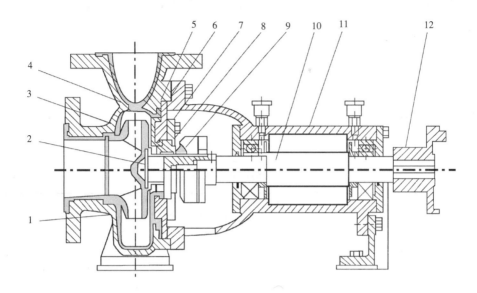

图 7-3　离心泵结构图

1—泵体；2—叶轮骨架；3—叶轮；4—泵体衬里；5—泵盖衬里；6—泵盖；
7—机封压盖；8—静环；9—动环；10—泵轴；11—轴承座；12—联轴器

图 7-4　学生解剖离心泵现场

使用工具统计表 表 7-1

序号	工具	型号或规格	数量	备注
1				
2				
……				
10				

水泵构件统计及用途 表 7-2

序号	水泵构件名称	材质	常用材质	作用及原理
1				
2				
……				
20				

（9）它的铭牌上写着什么？你知道它的意义吗？

（10）有何环保材料可替代水泵构件？

8. 自评和互评

（1）每组选一代表进行问题陈述（每组 5 ~ 10 分钟）；

（2）进行小组自评和互评，并填入表 7-3（10 分钟）；

（3）教师总结（20 分钟）。

自评和互评表 表 7-3

序号	评价内容	评价标准	分值	自我评价	小组评价	教师评价	综合评价
1	综合素质表现	工作态度、沟通能力、团队合作与组织能力、安全意识	30				
2	工作过程	工具使用规范程度 拆卸步骤熟练程度 器件完整程度	40				
3	文明工作	文明生产意识 卫生、保洁工	15 15				

7.2.2 "施工用电安全管理"案例教学法案例

1. 教学情景描述

2009 年 8 月 15 日 15 时 30 分，某建筑水电设备安装工程公司在承包的地下排水工程施工中，因人员违章作业发生一起人员触电死亡事故。

事故经过：8 月 15 日 15 时 30 分，某建筑水电设备安装工程公司承包地下排水工程，在地坑深度 5.8m 作业过程中，因地下水上涨，必须要用抽水泵将坑内水抽净。16 时 50 分左右唐某取来小型抽水泵，即与另一名在场的电工李某开始进行电源接线工作。李某在地坑上面，唐某在地坑内接电线，唐某在地坑内喊李某投电源试转，李某确认后就登上工具箱上部投电源，先投熔断器，又投开关把手，李某从工具箱上面下到地面时，听到地坑内有人喊"有人触电了"，李某这时又立刻登上工具箱拉断电源开关，这时唐某已仰卧在地坑内。在场同志立即将其从坑内救出地面，排水分公司王某对唐某进行不间断人工呼吸，并立即送往医院抢救，经医院全力抢救无效，于 17 时 45 分死亡。

2. 教学任务

本任务要求 4 ~ 5 人一组，通过制定工作计划采取分工合作，根据工作计划了解触电事故的常见原因；掌握潮湿环境下施工的安全操作规程和电气安全保护措施；掌握正确的触电急救操作步骤和方法。

3. 项目工作目标

(1) 学生应该能够正确分析事故原因和制定防范措施。

(2) 学生应该能够掌握潮湿环境下施工的安全操作规程和电气安全保护措施。

(3) 学生应能正确应用触电急救措施对触电者进行抢救。

(4) 学生能够编写事故分析报告。

4. 知识链接

(1) 触电对人体的伤害形式

① 电击：电流流过人体时反映在人体内部造成器官的伤害，而在人体外表不一定留下电流痕迹。电伤：电流流过人体时使人的皮肤受到灼伤、烤伤和皮肤金属化的伤害，严重的可致人死亡。

② 电击的形式

a. 单相触电（图 7-5）

b. 两相触电（图 7-6）

c. 跨步电压触电（图 7-7）

(2) 影响触电严重程度的因素（图 7-8）

① 人体电阻：在一般情况下，人体电阻可按 1000 ~ 2000 欧姆计算，人体电阻因人而异。手有毛茧，皮肤潮湿、多汗，有损伤，带有导电粉尘的，电阻较小，危险性较大。

② 电流大小：

感觉电流——引起人的感觉的最小电流　　　　　　(0.7 ~ 1.1mA)

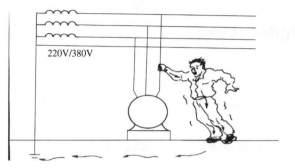

图 7-5   单相触电

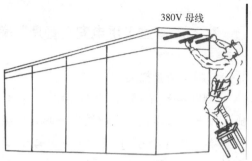

图 7-6   两相触电

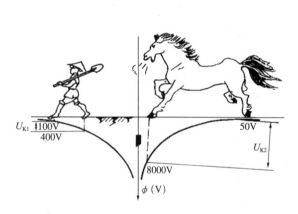

图 7-7   跨步电压触电

图 7-8   施工现场

摆脱电流——人触电后能自动摆脱电源的最大电流（10.5 ~ 16mA）

致命电流——在短时间内能危及生命的最小电流（> 50mA）

③ 触电时间：触电时间越长，情绪紧张，发热出汗，人体电阻减小，危险大。若可迅速脱离电源则危险小。

④ 电流频率：人体被伤害程度与电流频率及通电时间的关系 50 ~ 60Hz 最危险，大于或小于，其危险性降低，通电时间越长，危险性越大。

⑤ 电流途径：经过心脏最危险（手→手，手→脚）；不经过心脏危险较小（脚→脚）。

⑥ 环境影响：低矮潮湿，仰卧操作，特别是在金属容器中工作，不易脱离现场的情况下触电危险大，安全电压取 12V。其他条件较好的场所，可取 24V 或 36V。

⑦ 触电部位的压力：压力越大，接触电阻就越小，危险性就越大。

⑧ 人体健康情况及精神状态：身心健康，情绪乐观的人电阻大，较安全。情绪悲观，疲劳过度的人电阻小，较危险。

（3）触电规律

① 年龄规律：年轻人较多，老年人很少；

② 季节性规律：雨季较多，6、7、8、9月份较多；

③ 电压规律：低压电比高压电多；

④ 行业规律：冶金、建筑、建材、矿山等行业较多。

（4）触电急救方法

① 使触电者尽快脱离电源

——低压触电事故使触电者脱离电源的方法。

a. 如果触电地点附近有电源开关或插头，可立即拉开开关或拔出插头，断开电源；

b. 如果触电地点附近没有电源开关或插头，可用有绝缘的电工钳或有干燥木柄斧头切断电线，断开电源；

c. 当电线搭落在触电者身上或被压在身下时，可用干燥的衣服、手套、绳索、皮带、木棒、竹竿、扁担、塑料棒等绝缘物作为工具，挑开电线或者拉开触电者，使触电者脱离电源。

对于高压触电事故，应立即通知有关部门停电，然后再采取措施抢救。

② 轻者可就近平卧休息1～2小时，以减轻其思想负担，同时注意观察其变化，如不出现异常情况，一般很快恢复正常。

③ 重症触电者应立即解开妨碍触电者呼吸的紧身衣服。检查触电者的口腔，清理口腔的黏液，如有假牙，需取下。

④ 立即就地进行抢救，如呼吸停止，采用口对口人工呼吸法抢救，若心脏停止跳动或不规则颤动，可进行人工胸外挤压法抢救。决不能无故中断。

⑤ 如果现场除救护者之外，还有第二人在场，则还应立即协助提供急救用的工具和设备，劝退现场闲杂人员，保证现场有足够的照明和保持空气流通。请医生前来抢救。

⑥ 救护注意事项

a. 抢救者本人必须首先保持镇静，救护人不可直接用手或其他金属及潮湿的物件作为救护工具，而必须使用适当的绝缘工具。

b. 使触电者尽快脱离电源时，救护人员最好用一只手操作，以防自己触电，并且要防止在场人员再次误触电源。

c. 触电者未解脱电源，千万不能碰触电人的身体，否则将造成不必要的触电事故。

d. 在给病人行口对口人工呼吸前，应首先清理干净病人口腔异物，有活动性假牙者应先行取出。

e. 进行人工胸外挤压时不要用力过猛，防止肋骨骨折。

f. 做胸外心脏挤压时间要较长，不要轻易放弃，同时必须密切配合进行口对口的人工呼吸，见图7-9所示。

g. 在做胸外心脏按摩的同时，要随时观察病人情况。如能摸到脉搏，瞳孔缩小，面有红泣，说明按摩已有效，即可停止。

h. 要防止触电者脱离电源后可能的摔伤，特别是当触电者在高处的情况下，应考虑防摔措施。

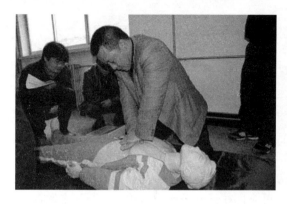
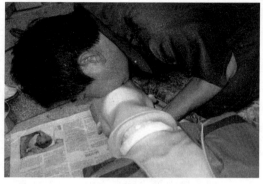

图 7-9   触电者急救现场

(5) 给水排水工程施工中的电气安全管理制度

① 凡属于电气维修、安装的工作，必须由电工来操作，严禁非电工进行电工作业。

② 严格执行电工安全操作规程，凡不合格的电气设备、工具应停止使用。一切手持电动工具必须符合国家标准、专业标准。

③ 严禁赤手触摸一切带电的绝缘导线。不要带电作业。

④ 所有用电设备的金属外壳均要可靠接地或接零。

⑤ 所有电气设备必须按规格加装熔断器，电源上应安装漏电保护开关。

(6) 漏电保护技术

① 漏电开关的种类

按工作类型分：开关型、继电器型、单一型、组合型。

按相数或级数分：单相一线、单相两线、三相三线、三相四线。

按结构原理分：电压动作型、电流型、鉴相型、脉冲型。

② 工作原理

漏电开关的工作原理如图 7-10 所示。

③ 漏电开关的分级保护

漏电开关的分级保护控制线路如图 7-11 所示。

(7) 编写安全评价报告的主要内容介绍

① 概述和概况

② 主要危险、有害因素（含危险物质特性）识别与分析

③ 评价单元划分和评价方法选择

④ 总体布局及一般防护设施、措施评价

⑤ 主要危险危害单元定性、定量评价（分章节）

⑥ 事故状况类比、统计分析及评价

⑦ 安全生产管理评价

⑧ 安全措施及建议

⑨ 安全评价结论

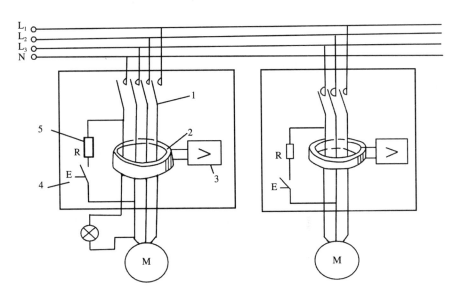

图 7-10 漏电开关工作原理

1—条线；2—线圈；3—磁铁；4—开关；5—电阻

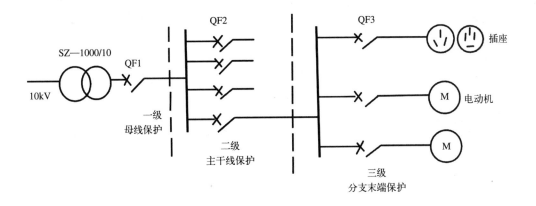

图 7-11 漏电开关分级保护线图

附1— 安全评价报告的格式

1. 封面

2. 安全评价资质证书影印件

3. 目录

4. 编制说明

5. 前言

6. 正文

7. 附件

附 2—本案例事故原因及防范措施

原因分析：

此次人身死亡事故的直接原因是唐某（死者）在作业中图省事，怕麻烦，擅自违章蛮干造成的。唐某在作业中，电源进口引线三相均未固定，用左手持电缆三相线头搭接在空气开关进口引线螺钉上（电源侧）进行抽水泵的试转工作，在用右手向左手方向投空气开关时因用力过猛，电源线一相碰在左手大拇指上触电，触电后抽手时，将电源线（三相）抱在身体心脏处导致触电死亡。

防范措施：

在潮湿环境下进行电气作业，必须按"安规"的要求做好安全措施，必须装设漏电保护开关，必须提高安全意识，加强自我防护能力。图 7-12 为漏电保护装置。

图 7-12　建筑物的漏电保护装置

5. 项目实施

（1）阶段一：（案例介绍）

（2）阶段二：（收集信息）

① 分组，说明小组的指导原则。

② 通过分析事故经过后制定获取信息的工作计划。

③ 对项目任务、小组工作和项目实施过程出现的问题进行说明。

④ 小组成员分工合作，信息来源主要是由学生收集相关资料、信息，也可以教师提供部分信息。

（3）阶段三：（研讨）

① 小组成员整理所收集到的信息、材料。

② 通过讨论确定该案例所述事故的原因。

③ 通过讨论确定避免事故发生的防范措施。

④ 小组讨论如何在现场对触电者进行抢救。

（4）阶段四：（决策）

① 小组成员经讨论后确定工作计划。

② 小组成员对事故原因分析、防范措施、安全操作规程、触电急救方法等内容的资料搜集和整理进行分工。

③ 确定安全评价报告的编写格式、内容。

（5）阶段五：（辩论）

① 小组通过辩论发现不同的事故原因和不同的防范处理方法。

② 通过讨论确定该案例所述事故的原因并陈述理由。

③ 通过讨论确定避免事故发生的防范措施并陈述理由。

④ 小组讨论如何在现场对触电者进行抢救并确定抢救方式和步骤。

（6）阶段六：（评判）表 7-4

① 自评：先进行小组讨论，然后各小组选派一个代表汇报其项目成果。

② 小组评：小组内的学生共同对整个案例的分析及处理方法进行评价和经验总结。

评价意见表　　　　　　　　　表 7-4

序号	项目	评定标准				自我评定	小组评定	教师评定
		优	良	中	差			
1	工作计划的填写是否认真完成	A	B	C	D			
2	汇报小组工作情况（表达能力）	A	B	C	D			
3	工作计划填写的正确性（掌握情况）	A	B	C	D			
4	是否有动手操作能力	A	B	C	D			
5	收集资料过程中发现问题能否独立解决	A	B	C	D			
6	施工质量	A	B	C	D			
7	是否积极主动参与小组讨论	A	B	C	D			
8	与小组成员间能否相互协助	A	B	C	D			

③ 教师点评：教师对事故原因分析、防范措施、安全操作规程、触电急救正确方法等过程进行评价和经验总结。

（7）阶段七（反思、迁移）

① 拓展对其他电气安全事故的分析能力。

② 大型机台发生触电事故时的应对措施。

7.2.3 "水厂设备 PLC 控制"项目教学法案例

1. 教学情景描述

广州西村自来水厂是一座有 100 年历史的老厂，部分设备已经老化，而且今年夏季用水高峰提前到来，水厂决定更换一批陈旧的电动机，并重新敷设控制线路。由于更换的都是大功率电动机组，如果采用直接启动会导致启动电流很大，会对电网造成很大干扰，影响供电质量，同时也使输电导线的损耗增大，造成电能的浪费。为了有效解决上述问题，同时为配合该厂不断进行自动化控制的改造工程，水厂工程部决定采用 PLC 进行大功率电动机的 Y-Δ 降压启动的方式进行控制。

2. 教学任务

本项目要求 2 人一组，通过制定工作计划采取分工合作，根据任务的要求设计出工作方案；根据工作计划了解基本的工位操作指令；掌握基本的元器件型号的选择；掌握设计一个控制系统的基本步骤。

3. 项目目标

（1）能够正确进行接线；

（2）能够正确使用编程软件；

（3）能够理解定时器指令的意义；

（4）能够正确编写电动机星 - 三角启动降压启动控制程序；

（5）在操作过程中，学生应能准确应用必要的保护措施和遵守相应的安全操作规程。

4. 知识链接

（1）PLC 基础知识

① 可编程控制器概况

可编程控制器（PROGRAMMABLE CONTROLLER，简称 PC）。与个人计算机的 PC 相区别，用 PLC 表示。

PLC 是在传统的顺序控制器的基础上引入了微电子技术、计算机技术、自动控制技术和通讯技术而形成的一代新型工业控制装置，目的是用来取代继电器、执行逻辑、计时、计数等顺序控制功能，建立柔性的程控系统。国际电工委员会(IEC)颁布了对 PLC 的规定：可编程控制器是一种数字运算操作的电子系统，专为工业环境应用而设计。它采用可编程序的存储器，用来在其内部存贮执行逻辑运算、顺序控制、定时、计数和算术运算等操作的指令，并通过数字的、模拟的输入和输出，控制各种类型的机械或生产过程。可编程序控制器及其有关设备，都应按易于与工业控制系统形成一个整体，易于扩充其功能的原则设计。

PLC 具有通用性强、使用方便、适应面广、可靠性高、抗干扰能力强、编程简单等特点。在工业控制领域中，PLC 控制技术的应用必将形成世界潮流，PLC 程序既有生产厂家的系统程序。又有用户自己开发的应用程序，系统程序提供运行平台，同时还为 PLC 程序可靠运行及信息与信息转换进行必要的公共处理。用户程序由用户按控制要求设计。

② PLC 的结构及基本配置

一般讲，PLC 分为箱体式和模块式两种。但它们的组成是相同的，对箱体式 PLC，有一块 CPU 板、I/O 板、显示面板、内存块、电源等，当然按 CPU 性能分成若干型号，并按 I/O 点数又有若干规格。对模块式 PLC，有 CPU 模块、I/O 模块、内存、电源模块、底板或机架。无任哪种结构类型的 PLC，都属于总线式开放型结构，其 I/O 能力可按用户需要进行扩展与组合。PLC 的基本结构框图如图 7-13 所示。

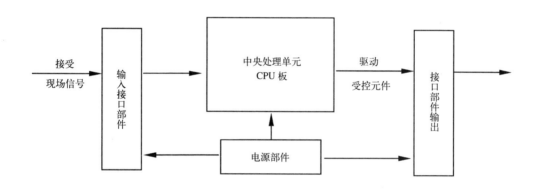

图 7-13　PLC 的基本结构框图

a. CPU 的构成

PLC 中的 CPU 是 PLC 的核心，起神经中枢的作用，每台 PLC 至少有一个 CPU，它按 PLC 的系统程序赋予的功能接收并存贮用户程序和数据，用扫描的方式采集由现场输入装置送来的状态或数据，并存入规定的寄存器中，同时，诊断电源和 PLC 内部电路的工作状态和编程过程中的语法错误等。进入运行后，从用户程序存储器中逐条读取指令，经分析后再按指令规定的任务产生相应的控制信号，去指挥有关的控制电路。

与通用计算机一样，主要由运算器、控制器、寄存器及实现它们之间联系的数据、控制及状态总线构成，还有外围芯片、总线接口及有关电路。它确定了进行控制的规模、工作速度、内存容量等。内存主要用于存储程序及数据，是 PLC 不可缺少的组成单元。

CPU 的控制器控制 CPU 工作，由它读取指令、解释指令及执行指令。但工作节奏由震荡信号控制。

CPU 的运算器用于进行数字或逻辑运算，在控制器指挥下工作。

CPU 的寄存器参与运算，并存储运算的中间结果，它也是在控制器指挥下工作。

CPU 虽然划分为以上几个部分，但 PLC 中的 CPU 芯片实际上就是微处理器，由于电路的高度集成，对 CPU 内部的详细分析已无必要，我们只要弄清它在 PLC 中的功能与性能，能正确地使用它就够了。

CPU 模块的外部表现就是它的工作状态的各种显示、各种接口及设定或控制开关。一般讲，CPU 模块总要有相应的状态指示灯，如电源显示、运行显示、故障显示等。箱体式 PLC 的主箱体也有这些显示。它的总线接口，用于接 I/O 模板或底板，有内存接口，用于安装内存，有外设口，用于接外部设备，有的还有通讯口，用于进行通讯。CPU 模块上还有许多设定开关，用以对 PLC 作设定，如设定起始工作方式、内存区等。

b. I/O 模块

PLC 的对外功能，主要是通过各种 I/O 接口模块与外界联系的，按 I/O 点数确定模块规格及数量，I/O 模块可多可少，但其最大数受 CPU 所能管理的基本配置的能力，即受最大的底板或机架槽数限制。I/O 模块集成了 PLC 的 I/O 电路，其输入暂存器反映输入信号状态，输出点反映输出暂存器状态。

c. 电源模块

有些 PLC 中的电源，是与 CPU 模块合二为一的，有些是分开的，其主要用途是为 PLC 各模块的集成电路提供工作电源。同时，有的还为输入电路提供 24V 的工作电源。电源以其输入类型有：220VAC 或 110VAC 的交流电源，24V 的直流电源。

d. PLC 的外部设备

外部设备是 PLC 系统不可分割的一部分，它有四大类。

● 编程设备：有简易编程器和智能图形编程器，用于编程、对系统作一些设定、监控 PLC 及 PLC 所控制的系统的工作状况。编程器是 PLC 开发应用、监测运行、检查维护不可缺少的器件，但它不直接参与现场控制运行。

● 监控设备：有数据监视器和图形监视器。直接监视数据或通过画面监视数据。

● 存储设备：有存储卡、存储磁带、软磁盘或只读存储器，用于永久性地存储用户数据，使用户程序不丢失，如 EPROM、EEPROM 写入器等。

● 输入输出设备：用于接收信号或输出信号，一般有条码读入器，输入模拟量的电位器、打印机等。

③ PLC 基本指令系统和编程方法

PLC 的编程语言与一般计算机语言相比，具有明显的特点，它既不同于高级语言，也不同与一般的汇编语言，它既要满足易于编写，又要满足易于调试的要求。目前，还没有一种对各厂家产品都能兼容的编程语言。如三菱公司的产品有它自己的编程语言，OMRON 公司的产品也有它自己的语言。但不管什么型号的 PLC，其编程语言都具有以下特点：

a. 图形式指令结构：程序由图形方式表达，指令由不同的图形符号组成，易于理解和记忆。系统的软件开发者已把工业控制中所需的独立运算功能编制成象征性图形，用户根据自己的需要把这些图形进行组合，并填入适当的参数。在逻辑运算部分，几乎所有的厂家都采用类似于继电器控制电路的梯形图，很容易接受。如西门子公司还采用控制系统流程图来表示，它沿用二进制逻辑元件图形符号来表达控制关系，很直观易懂。较复杂的算术运算、定时计数等，一般也参照梯形图或逻辑元件图给予表示，虽然象征性不如逻辑运算部分，也受用户欢迎。

b. 明确的变量常数：图形符相当于操作码，规定了运算功能，操作数由用户填入，如：K400，T120 等。PLC 中的变量和常数以及其取值范围有明确规定，由产品型号决定，可查阅产品目录手册。

c. 简化的程序结构：PLC 的程序结构通常很简单，典型的为块式结构，不同块完成不同的功能，使程序的调试者对整个程序的控制功能和控制顺序有清晰的概念。

d. 简化应用软件生成过程：使用汇编语言和高级语言编写程序，要完成编辑、编译和连接三个过程，而使用编程语言，只需要编辑一个过程，其余由系统软件自动完成，整个编辑过程都在人机对话下进行的，不要求用户有高深的软件设计能力。

e. 强化调试手段：无论是汇编程序，还是高级语言程序调试，都是令编辑人员头疼的事，而 PLC 的程序调试提供了完备的条件，使用编程器，利用 PLC 和编程器上的按键、显示和内部编辑、调试、监控等，在软件支持下，诊断和调试操作都很简单。

总之，PLC 的编程语言是面向用户的，对使用者不要求具备高深的知识、不需要长时间的专门训练。

(2) PLC 实现 Y-△ 降压启动控制的工作原理

对于正常运行时定子绕组接成三角形的鼠笼型异步电动机，在启动时，为了保护电动机，一般采用 Y-△ 降压启动方法来达到限制启动电流的目的。Y/△ 降压启动的原理如图所示：在启动过程中将电动机定子绕组接成星形，即接触器 KMY 闭合。此时电动机每相绕组承受的电压为额定电压的 $1/\sqrt{3}$，启动电流为三角形接法时启动电流的 $\frac{1}{3}$。接触器 KMY 闭合的同时定时器开始定时，定时时间到，接触器 KMY 断开，接触器 KM △闭合。电动机绕组为三角形接法，进入正常运行阶段。

(3) PLC 实现 Y-△ 降压启动控制的连接

用 PLC 实现 Y-△ 降压启动的控制线路见图 7-14，相应的元件明细表如表 7-5 所示，I/O 分配如表 7-6 所示。

5. 项目实施

(1) 阶段一：(项目的组织和导入，提出问题)

① 分组，说明小组的指导原则(学生按小组开展对项目任务的讨论，根据任务的要求设计出工作方案)。

② 对本项目所使用的 PLC 主机及各种开关、熔断器、导线、热继电器等低压电器的分类、原理和使用方法进行描述。

③ 对 Y-△ 降压启动控制电路的工作原理和控制方式进行描述。

④ 对项目任务、小组工作和项目实施过程出现的问题进行说明(如何分配 I/O 口，怎样画电气原理图，编程的思路及需要注意的问题，如何调试程序等)。

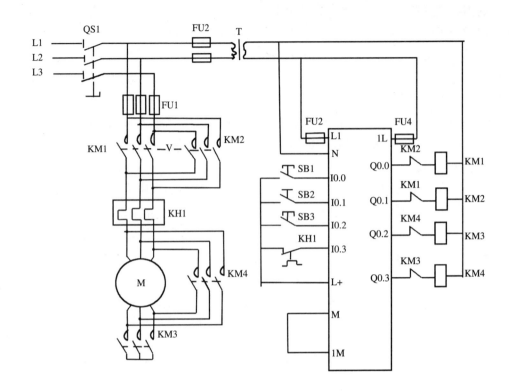

图 7-14   Y-△ 降压启动控制的线路图

元件明细表   表 7-5

序号	名称	型号	数量	单位
1	PLC主机	S7—200/226	1	个
2	导轨	C45	0.3	m
3	低压断路器	C65N D20	1	个
4	接触器	NC3—09/220	4	个
5	热继电器	NR4—63	1	个
6	熔断器	RT28—32	5	个
7	按钮	LA2	3	个
8	接线端子	D20	2	个
9	铜塑线	BVI/1.37mm²	20	m
10	铜塑线	BVI/1.13 mm²	20	m
11	软线	BRV7/0.75 mm²	5	m
12	紧固件	螺杆，螺母，平垫圈，弹簧垫圈	若干	
13	号码管		若干	m
14	号码笔		1	个

I/O 分配表 表7-6

输入点分配（Ｉ）	
I0.0	正传启动按钮（SB1）
I0.1	反传启动按钮（SB2）
I0.2	停止按钮 （SB3）
I0.3	热继电器常闭触点输入
输出点分配（O）	
Q0.0	正传控制接触器（KM1）
Q0.1	反传控制接触器（KM2）
Q0.2	星形启动接触器（KM3）
Q0.3	三角形启动接触器（KM4）

参考程序：

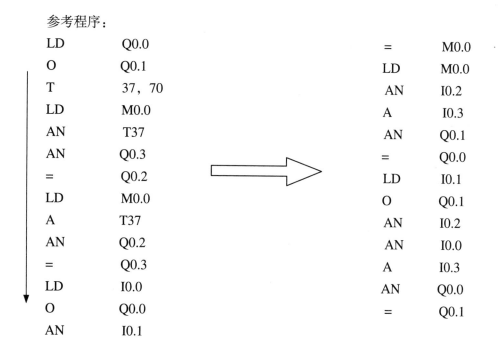

LD	Q0.0		=	M0.0
O	Q0.1		LD	M0.0
T	37，70		AN	I0.2
LD	M0.0		A	I0.3
AN	T37		AN	Q0.1
AN	Q0.3		=	Q0.0
=	Q0.2		LD	I0.1
LD	M0.0		O	Q0.1
A	T37		AN	I0.2
AN	Q0.2		AN	I0.0
=	Q0.3		A	I0.3
LD	I0.0		AN	Q0.0
O	Q0.0		=	Q0.1
AN	I0.1			

（2）阶段二：（计划）

① 对 Y-△ 降压启动控制电路的接线、检测、故障判断等工作进行计划（各小组根据自己的方案，对小组成员作出分工，对各项工作作出计划）。

② 编制 Y-△ 降压启动控制电路安装过程中使用的相关工具、元件一览表，I/O 分配表。填入表 7-7、表 7-8、表 7-9（确定元器件型号，电机保护方法，元件选择基本合理。说明 PLC 的选择方法，PLC 最好采用隔离变压器供电）。

元件明细表　　　　　　　　　　　　　　　　　　表 7-7

序号	名称	型号	单位	数量
1				
2				
……				
13				

工具与材料明细表　　　　　　　　　　　　　　　表 7-8

工具		材料	
1		1	
……		……	
5		5	

I/O 分配表　　　　　　　　　　　　　　　　　　表 7-9

输入口地址	定义	输出口地址	定义

（3）阶段三：（决策）

① 确定 Y-△ 降压启动控制电路的接线、检测、故障判断的工作计划，并汇报小组工作成果。

② 学生按小组开展项目任务的讨论，根据任务的要求设计出工作方案。教师参与讨论，及时了解学生对项目认识的程度，并辅导学生在设计的过程中掌握设计一个控制系统的基

本步骤，并由各小组学生提出自己的方案建议。

③ 在设计电路与控制程序中，指导学生掌握保护电路的设置方法，即一定要在 PLC 外部设置接触器联锁，而不能只在程序中设置联锁保护。同时指导学生掌握编程要点。

（4）阶段四：（执行）

① 完成相关工具和元器件的准备情况（小组成员合理分工）。

② 根据拟定计划设计 Y-△ 降压启动控制电气线路图、PLC 控制程序（教师指导学生掌握正确的安装工艺）。

③ 根据拟定计划具体对 Y-△ 降压启动控制电路进行试车前检测（教师指导学生掌握正确的测试方法及试车步骤）。

④ 根据拟定计划进行 Y-△ 降压启动控制电路的通电试运行，并做好现场监护措施。

⑤ 线路安装步骤及错误分析、线路检测报告、通电试车报告及故障分析。

学生完成任务后教师与学生共同对设备进行质量检测。在这一阶段，学生可以学习到检测的原理和方法，对检测中发现的问题进行判断与分析，学会判断产生问题的原因，了解自己的失误，并学会解决问题的方法，使知识更加完善。同时，教师强调理论知识的作用，使学生形成理论指导实践的意识。

（5）阶段五：（评价）

① 自评：先进行小组讨论，然后各小组选派一个代表汇报其项目成果。

② 小组评：小组内的学生共同对整个 Y-△ 降压启动控制电路的接线、检测、故障判断的工作过程进行评价和经验总结。

③ 教师点评：教师对整个 Y-△ 降压启动控制电路的接线、程序编写、检测、故障判断的工作过程进行评价和经验总结。如表 7-10 所示。

评价意见表　　　　　　　　　　　表 7-10

序号	项目	评定标准				自我评定	小组评定	教师评定
		优	良	中	差			
1	工作计划的填写是否认真完成	A	B	C	D			
2	汇报小组工作情况（表达能力）	A	B	C	D			
3	工作计划填写的正确性（掌握情况）	A	B	C	D			
4	是否有动手操作能力	A	B	C	D			
5	收集资料过程中发现问题能否独立解决	A	B	C	D			
6	施工质量	A	B	C	D			
7	是否积极主动参与小组讨论	A	B	C	D			
8	与小组成员间能否相互协助	A	B	C	D			

该阶段由教师安排一次项目教学总结会。在教师的帮助下学生按自己所选择的方案，完整地展示自己开展活动的全部成果，表达自己的感受和体会，并分享他人的成果。

(6) 阶段六：(任务迁移)

① 在施工现场往往采用 PLC 手持编程器进行程序输入，根据该项目的实际情况进一步熟悉如何使用手持编程器。

② 在掌握 PLC 实现 Y-Δ 降压启动控制的工作原理的基础上，进一步完善该电路，增加相关的故障保护和报警电路。

7.2.4 "三相异步电动机拆装与维护"项目教学法案例

1. 教学情景描述

华粤大厦是一座建成 10 年的高层商业写字楼，去年由于金融危机的影响，大厦出租率急剧下降，今年随着经济复苏，房地产价格不断攀升，华粤大厦的写字楼出租率显著回升。由于租户增多，用水量随之增大，但最近物业管理公司发现水压经常不足，物业公司决定派水电工程部维修电工小祥去泵房检修。华粤大厦生活给水泵房是采用两台水泵一主一备进行供水的，水压过低时备用泵会自动投入运行进行增压。由于前段时间大厦用水量低，主泵基本能满足需要，导致备用泵一段时间没有运行。维修电工小祥检查后发现一台 DFG40-50A/2、功率 3KW、最大扬程 44m 的生活备用水泵通电后仍不能运转，原因是拖动该水泵的三相异步电动机堵转，需要进行拆卸检修。

2. 教学任务

本项目要求 2 ~ 4 人一组，通过制定工作计划采取分工合作，根据工作计划了解电动机的拆卸步骤并对电动机进行拆装；掌握电动机电气及机机械部分的检查与故障处理方法；正确使用摇表检查电动机的绝缘电阻；正确使用钳表测量电动机的空载电流。

3. 教学目标

(1) 学生应该能够正确选择工具，并计划三相异步电动机的拆装过程。

(2) 学生应该能够选择必要的检测和测量仪器，并能正确使用。

(3) 在操作使用工具和测量仪器的时候，学生应能准确应用必要的保护措施和遵守相应的安全操作规程。

(4) 学生能够撰写电动机的拆装说明书和电动机的维护报告。

4. 知识链接

(1) 三相异步电动机的一般拆装步骤 (图 7-15)。

① 切断电源，卸下皮带、拆去接线盒内的电源接线和接地线。

② 卸下底脚螺母、弹簧垫圈和平垫片、皮带轮 (图 7-16)。

③ 卸下前轴承外盖 (图 7-17)。

④ 卸下前端盖：可用大小适宜的扁凿，插在端盖突出的耳朵处，按端盖对角线依次向外撬，直至卸下前端盖 (图 7-18)。

⑤ 卸下风叶罩、风叶 (图 7-19)。

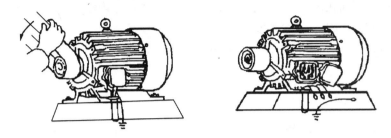

图 7-15 异步电动机的一般拆装

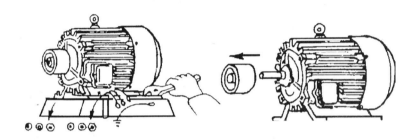

图 7-16 底脚螺栓等拆装

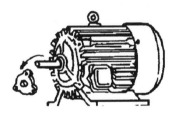

图 7-17 前轴承盖拆装

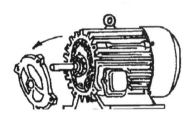

图 7-18 前端盖的拆装

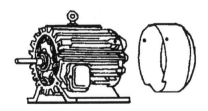

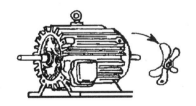

图 7-19 风叶罩、风叶拆装

⑥ 卸下后轴承外盖、后端盖（图 7-20）。

⑦ 卸下转子：在抽出转子之前，应在转子下面和定子绕组端部之间垫上厚纸板，以免抽出转子时碰伤铁心和绕组（图 7-21）。

⑧ 最后用拉具拆卸前后轴承及轴承内盖（图 7-22）。

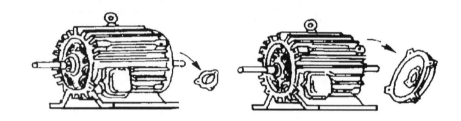

图 7-20　后轴承盖、后端盖拆装

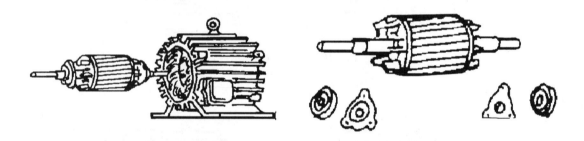

图 7-21　转子拆装   图 7-22　轴承及内盖拆装

（2）电动机主要部件的拆装方法

① 皮带轮或联轴器的拆装步骤（图 7-23）

● 皮带轮或联轴器的拆卸步骤：

a. 用粉笔标示皮带轮或联轴器的正反面，以免安装时装反，如图 7-23（a）所示。

b. 用尺子量一下皮带轮或联轴器在轴上的位置，记住皮带轮或联轴器与前端盖之间的距离，如图 7-23（b）所示。

c. 旋下压紧螺钉或取下销子，如图 7-23（c）所示。

d. 在螺钉孔内注入煤油，如图 7-23（d）所示。

e. 装上拉具，拉具有两脚和三脚，各脚之间的距离要调整好，如图 7-23（e）所示。

f. 拉具的丝杆顶端要对准电动机轴的中心，转动丝杆，使皮带轮或联轴器慢慢地脱离转轴，如图 7-23（f）所示。

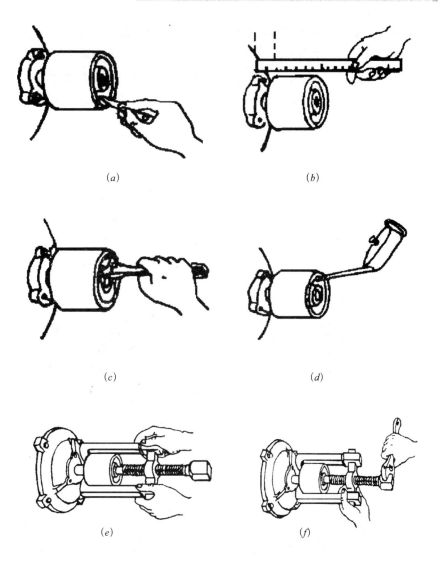

图 7-23 联轴器的拆装步骤

应注意的事项：

如果皮带轮或联轴器一时拉不下来，切忌硬卸，可在定位螺钉孔内注入煤油，等待几小时以后再拉。若还拉不下来，可用喷灯将皮带轮或联轴器四周加热，加热的温度不宜太高，要防止轴变形。拆卸过程中，不能用手锤直接敲出皮带轮或联轴器，以免皮带轮或联轴器碎裂、轴变形、端盖等受损。

● 皮带轮或联轴器的安装步骤，如图 7-24 所示：

a. 用细纱纸，卷在圆锉或圆木棍上，把皮带轮或联轴器的轴孔打磨光滑，如图 7-24（a）所示。

b. 用细纱纸把转轴的表面打磨光滑，如图 7-24（b）所示。

c. 对准键槽，把皮带轮或联轴器套在转轴上，如图 7-24（c）所示。

d. 调整皮带轮或联轴器与转轴之间的键槽位置，如图 7-24（d）所示。

e. 用铁板垫在键的一端，轻轻敲打，使键慢慢进入槽内，键在槽里要松紧适宜，太紧会损伤键和键槽，太松会使电动机运转时打滑，损伤键和键槽，如图 7-24（e）所示。

f. 旋紧压紧螺钉，如图 7-24（f）所示。

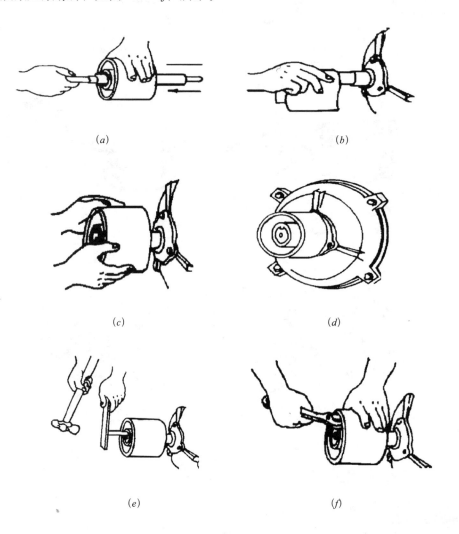

(a)   (b)

(c)   (d)

(e)   (f)

图 7-24 皮带轮的安装步骤

② 轴承盖和端盖的拆装步骤，如图 7-25 所示。

● 轴承盖和端盖的拆卸步骤：

a. 拆卸轴承外盖的方法比较简单，只要旋下固定轴承盖的螺钉，就可把外盖取下。但要注意，前后两个外盖拆下后要标上记号，以免将来安装时前后装错。

b. 拆卸端盖前，应在机壳与端盖接缝处做好标记。然后旋下端盖的螺钉。通常端盖上有两个拆卸螺孔，用从端盖上拆下的螺钉旋进拆卸螺孔，就能将端盖逐步顶出来。若没有拆卸螺孔，可用大小适宜的扁凿，插在端盖突出的耳朵处，按端盖对角线依次向外撬，直至卸下端盖。但要注意，前后两个端盖拆下后要标上记号，以免将来安装时前后装错，如图 7-25（b）。

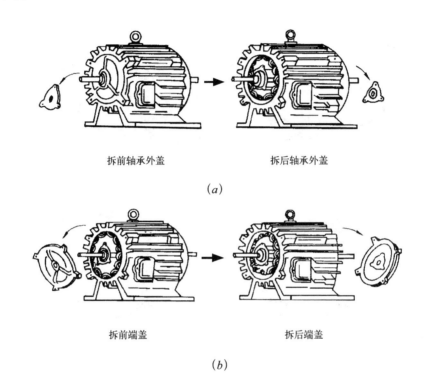

拆前轴承外盖　　　　　　　　　　　拆后轴承外盖

(a)

拆前端盖　　　　　　　　　　　拆后端盖

(b)

图 7-25　轴承盖和端盖的拆装步骤

● 轴承外盖的安装步骤（图 7-26）。

a. 装上轴承外盖

b. 插上一颗螺钉，一只手顶住螺钉，另一只手转动转轴，使轴承的内盖也跟着动，当转到轴承内外盖的螺钉孔一致时，把螺钉顶入内盖的螺钉孔里，并旋紧。

c. 把其余两个螺钉也装上，旋紧。

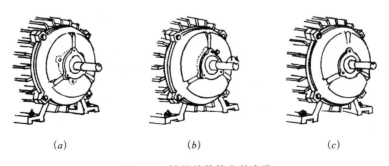

(a)　　　　　　　　　　(b)　　　　　　　　　　(c)

图 7-26　轴承外盖的安装步骤

● 轴承端盖的安装步骤（图 7-27）。

去机壳口的脏物，再对准机壳上的螺钉孔把端盖装上，如图 7-27（b）所示。

注意事项：在固定端盖螺钉时，不可一次将一边端盖拧紧，应将另一边端盖装上后，两边同时拧紧。要随时转动转子，看其是否能灵活转动，以免装配后电动机旋转困难。

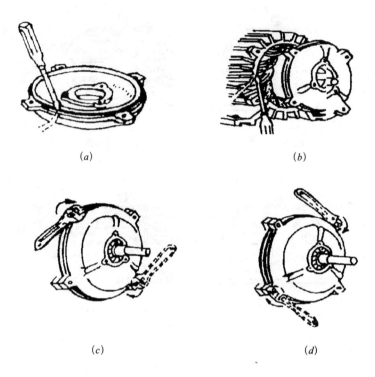

（a）　　　　　　　　　　　　　　　　　（b）

（c）　　　　　　　　　　　　　　　　　（d）

图 7-27　轴承端盖的安装步骤

③ 风罩和风叶的拆卸步骤（图 7-28）。

a. 选择适当的旋具，旋出风罩与机壳的固定螺钉，即可取下风罩，如图 7-28（a）所示。

b. 将转轴尾部风叶上的定位螺钉或销子拧下，用小锤在风叶四周轻轻地均匀敲打，风叶就可取下，如图 7-28（b）所示。若是小型电动机，则风叶通常不必拆下，可随转子一起抽出。

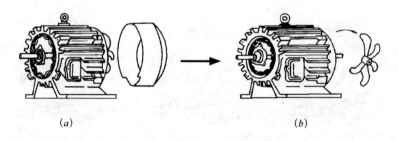

（a）　　　　　　　　　　　　　　　　　（b）

图 7-28　风罩和风叶的拆卸步骤

（a）拆风罩；（b）拆风叶

④ 转子的拆装步骤（图 7-29）。

● 转子的拆卸方法：

a. 拆卸小型电动机的转子时，要一手握住转子，把转子拉出一些，随后用另一只手托住转子铁心渐渐往外移。要注意，不能碰伤定子绕组，如图 7-29（a）所示。

b. 拆卸中型电动机的转子时，要一人抬住转轴的一端，另一人抬住转轴的另一端，渐渐地把转子往外移，如图 7-29（b）所示。

c. 拆卸大型电动机的转子时，要用起重设备分段吊出转子。具体方法，如图 7-29（c）所示：

用钢丝绳套住转子两端的轴颈，并在钢丝绳与轴颈之间衬一层纸板或棉纱头，如图 7-29（c-1）所示。

起吊转子，当转子的重心移出定子时，在定子与转子的间隙中塞入纸板垫衬并在转子移出的轴端垫支架或木块搁住转子，如图 7-29（c-2）所示。

将钢丝绳改吊转子，在钢丝绳与转子之间塞入纸板垫衬，就可以把转子全部吊出，如图 7-29（c-3）所示。

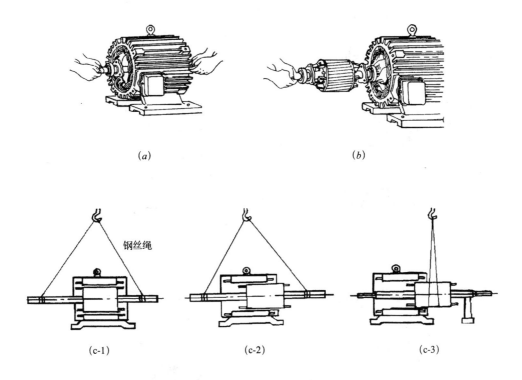

(a) (b)

(c-1) (c-2) (c-3)

图 7-29 转子的拆卸步骤

(a) 小型转子电动机拆卸；(b) 中型转子电动机拆卸；(c-1)～(c-3) 大型转子电动机拆卸

● 转子的安装方法：

转子的安装是转子拆卸的逆过程。安装时，要对准定子中心把转子小心地往里送。要注意，不能碰伤定子绕组。

⑤ 轴承的拆装步骤（图7-30）。

● 拆卸轴承的几种方法：

a. 用拉具拆卸。应根据轴承的大小，选好适宜的拉力器，夹住轴承，拉力器的脚爪应紧扣在轴承的内圈上，拉力器的丝杆顶点要对准转子轴的中心，扳转丝杆要慢，用力要均匀，如图7-30（a）所示。

b. 用铜棒拆卸。轴承的内圈垫上铜棒，用手锤敲打铜棒，把轴承敲出。敲打时，要在轴承内圈四周的相对两侧轮流均匀敲打，不可偏敲一边，用力不要过猛。如图7-30（b）所示。

c. 搁在圆桶上拆卸。在轴承的内圆下面用两块铁板夹住，搁在一只内径略大于转子外径的圆桶上面，在轴的端面垫上块，用手锤敲打，着力点对准轴的中心，如图7-30（c）所示。圆桶内放一些棉纱头，以防轴承脱下时摔坏转子。当敲到轴承逐渐松动时，用力要减弱。

d. 轴承在端盖内的拆卸。在拆卸电动机时，若遇到轴承留在端盖的轴承孔内时，把端盖止口面朝上，平滑地搁在两块铁板上，垫上一段直径小于轴径的金属棒，用手锤沿轴承外圈敲打金属棒，将轴承敲出，如图7-30（d）所示。

e. 加热拆卸。因轴承装配过紧或轴承氧化不易拆卸时，可用100℃左右的机油淋浇在轴承内圈上，趁热用上述方法拆卸。

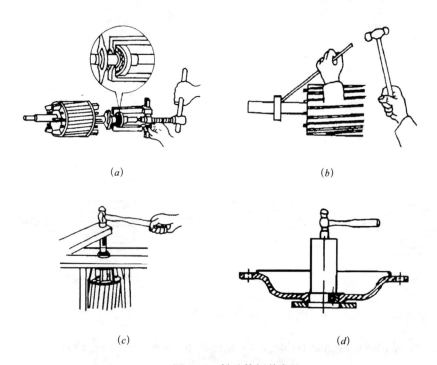

（a）　　　　　　　　　　　（b）

（c）　　　　　　　　　　　（d）

图7-30　轴承的拆装方法

（a）用拉力器拆卸轴承；（b）用铜棒敲打拆卸滚动轴承；
（c）搁在圆桶上拆卸滚动轴承；（d）拆卸端盖孔内的滚动轴承

6. 安装轴承的几种方法

● 安装前的准备工作

a. 将轴承和轴承盖用煤油清洗后，检查轴承有无裂纹，滚道内有无锈迹等。

b. 再用手旋转轴承外圈，观察其转动是否灵活、均匀，来决定轴承是否要更换。

c. 如不需要更换，再将轴承用汽油洗干净，用清洁的布擦干待装。更换新轴承时，应将其放在 70 ~ 80℃ 的变压器油中，加热 5min 左右，待全部防锈油溶去后，再用汽油洗净，用洁净的布擦干待装。

● 几种常用的安装方法

a. 敲打法：把轴承套到轴上，对准轴颈。用一段铁管，其内径略大于轴颈直径，外径略大于轴承内圈的外径，铁管的一端顶在轴承的内圈上，用手锤敲铁管的另一端，把轴承敲进去，如图 7-31 (a) 所示。如果没有铁管，也可用铁条顶住轴承的内圈，对称地、轻轻地敲，轴承也能水平地套入转轴，如图 7-31 (b) 所示。

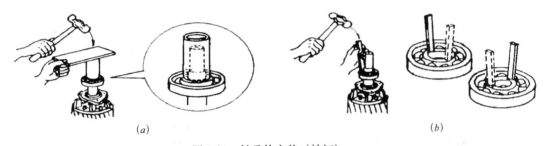

(a)　　　　　　　　　　　　　　　(b)

图 7-31　轴承的安装（敲打）

(a) 用铁管轻敲轴承　(b) 用铁条顶住轴承的内圈

b. 热装法：如配合度较紧，为了避免把轴承内环胀裂或损伤配合面，可采用热装法。首先将轴承放在油锅（或油槽内）里加热，油的温度保持在 100℃ 左右，轴承必须浸没在油中，又不能和锅底接触，可用铁丝将轴承吊起架空，如图 7-32 (a) 所示。加热要均匀，30 ~ 40min 后，把轴承取出，趁热迅速地将轴承一直推到轴颈。也可将轴承放在 100W 灯泡上烤热，1h 后即可套在轴上，如图 7-32 (b)、(c) 所示。

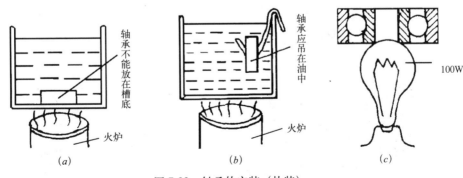

(a)　　　　　　　　　　(b)　　　　　　　　　　(c)

图 7-32　轴承的安装（热装）

(a) 用油加热轴承；(b) 用手锤敲轴承；(c) 用灯泡加热轴承

（3）三相异步电动机实物拆装分解图。

图 7-33   三相异步电动机实物图

① 拆除风扇罩

② 拆除风扇叶

③ 拆卸右端盖

④ 拆卸左端盖

⑤ 抽出转子

⑥ 定子结构

(4) 三相异步电动机常见故障，见表7-11。

电动机常见故障分析表　　　　　　　　　　表 7-11

序号	故障现象	故障原因	处理方法
1	通电后电动机不能转动，但无异响，也无异味和冒烟	1.电源未通（至少两相未通）； 2.熔丝熔断（至少两相熔断）； 3.控制设备接线错误； 4.电机已经损坏	1.检查电源回路开关，熔丝、接线盒处是否有断点，修复； 2.检查熔丝型号、熔断原因，更换熔丝； 3.检查电机，修复
2	通电后电机不转然后熔丝烧断	1.缺一相电源或定子线圈一相反接； 2.定子绕组相间短路； 3.定子绕组接地； 4.定子绕组接线错误； 5.熔丝截面过小； 6.电源线短路或接地	1.检查刀闸是否有一相未合好，或电源回路有一相断线； 2.消除反接故障； 3.查处短路点，予以修复； 4.消除接地； 5.查出误接，予以更正； 6.更换熔丝； 7.消除接地点
3	通电后电机不转，有嗡嗡声	1.定子、转子绕组有断路（一相断线）或电源一相失电； 2.绕组引出线始末端接错或绕组内部接反； 3.电源回路接点松动，接触电阻大； 4.电动机负载过大或转子卡住； 5.电源电压过低； 6.小型电机装配太紧或轴承内油脂过硬，轴承卡住	1.查明断点，予以修复； 2.检查绕组极性；判断绕组首末端是否正确； 3.紧固松动的接线螺栓，用万用表判断各接头是否假接，予以修复； 4.减载或查出并消除机械故障； 5.检查是否把规定的△接法误接为Y接法；是否由于电源导线过细使压降过大，予以纠正； 6.重新装配使之灵活；更换合格油脂，修复轴承

序号	故障现象	故障原因	处理方法
4	运行中电动机振动较大	1.由于磨损，轴承间隙过大； 2.气隙不均匀； 3.转子不平衡； 4.转轴弯曲； 5.铁心变形或松动； 6.联轴器（皮带轮）中心未校正； 7.风扇不平衡； 8.机壳或基础强度不够； 9.电动机地脚螺丝松动； 10.笼形转子开焊、断路、转子绕组断路； 11.定子绕组故障	1.检查轴承，必要时更换； 2.调整气隙，使之均匀； 3.校正转子动平衡； 4.校直转轴； 5.校正重叠铁心； 6.重新校正，使之符合规定； 7.检修风扇，校正平衡，纠正其几何形状； 8.进行加固； 9.紧固地脚螺栓； 10.修复转子绕组； 11.修复定子绕组
5	电动机空载电流不平衡三相相差大	1.绕组首尾端接错； 2.电源电压不平衡； 3.绕组有匝间短路、线圈反接等故障	1.检查并纠正； 2.测量电源电压，设法消除不平衡； 3.消除绕组故障
6	电动机空载电流平衡，但数值大	1.电源电压过高； 2.Y接电动机误接为△接； 3.气隙过大或不均匀	1.检查电源，设法恢复额定电压； 2.改接为Y接； 3.更换新转子或调整气隙
7	电动机运行时响声不正常，有异响	1.转子与定子绝缘低或槽楔相擦； 2.轴承磨损或油内有砂粒等异物； 3.定子、转子铁心松动； 4.轴承缺油； 5.风道填塞或风扇擦风罩； 6.定子、转子铁心相擦； 7.电源电压过高或不平衡； 8.定子绕组错接或短路	1.修剪绝缘，削低槽楔； 2.更换轴承或清洗轴承； 3.检查定子、转子铁心； 4.加油； 5.清理风道，重新安装风罩； 6.消除擦痕，必要时车小转子； 7.检查并调整电源电压； 8.消除定子绕组故障
8	轴承过热	1.润滑脂过多或过少； 2.油质不好含有杂质； 3.轴承与轴颈或端盖配合不当； 4.轴承盖内孔偏心，与轴相擦； 5.电动机与负载间联轴器未校正，或皮带过紧； 6.轴承间隙过大或过小； 7.电动机轴弯曲	1.按规定加润滑油脂（容积的1/3至2/3）； 2.更换为清洁的润滑油脂； 3.过松可用胶粘剂修复； 4.修理轴承盖，消除擦点； 5.重新装配； 6.重新校正，调整皮带张力； 7.更换新轴承； 8.矫正电机轴或更换转子

续表

序号	故障现象	故障原因	处理方法
9	电动机过热甚至冒烟	1.电源电压过高，使铁心发热，大大增加； 2.电源电压过低，电动机又带额定负载运行，电流过大使绕组发热； 3.定子、转子铁心相擦，电动机过载或频繁启动； 4.笼形转子断条； 5.电动机缺相，两相运行； 6.环境温度高，电动机表面污垢多，或通风道堵塞； 7.电动机风扇故障，通风不良； 8.定子绕组故障（相间、匝间短路；定子绕组内部连接错误）	1.降低电源电压（如调整供电变压器分接头），若是电机Y/△接法错误引起，则应改正接法； 2.提高电源电压或换相供电导线； 3.消除擦点（调整气隙或锉、车转子），减载，按规定次数控制启动； 4.检查并消除转子绕组故障； 5.恢复三相运行； 6.清洗电动机，改善环境温度,采用降温措施； 7.检查并修复风扇，必要时更换； 8.检查定子绕组，消除故障
10	电动机启动困难,带额定负载时，电动机转速低于额定转速较多	1.电源电压过低； 2.△接法误接为Y接法； 3.笼形转子开焊或断裂； 4.定子、转子局部线圈错接、接反； 5.电机过载	1.测量电源电压，设法改善； 2.纠正接法； 3.检查开焊和断点并修复； 4.查出误接处，予以改正； 5.减载

5.项目实施

（1）阶段一：（项目的组织和导入，提出问题）

① 分组，说明小组的指导原则。

② 对电动机的功能和结构进行描述。

③ 对项目任务、小组工作和项目实施过程出现的问题进行说明。

（2）阶段二：（计划）

① 对电动机的拆装、检测、维护工作进行计划（表7-12）。

② 编制拆装检测过程中使用的相关工具、设备和测量仪表一览表（表7-13）。

（3）阶段三：（决策）

确定电动机的拆装、检测、维护工作计划，并汇报小组工作成果。

（4）阶段四：（执行，如表7-14所示）

① 完成相关工具和设备材料的准备情况。

② 根据拟定计划具体对一台三相异步电动机进行拆装。

③ 根据拟定计划具体对装配好的三相异步电动机进行检测。

三相异步电动机的拆装步骤 表 7-12

电动机的拆卸		电动机的组装	
第一步		第一步	
第二步		第二步	
第三步		第三步	
第四步		第四步	
第五步		第五步	
……		……	
第十二步		第十二步	
注意事项		注意事项	

三相异步电动机拆装所用工具与材料 表 7-13

	工具		材料
1		1	
2		2	
……		……	
5		5	

三相异步电动机检查工作记录表 表 7-14

步骤	内容	检查结果		
1	用 MΩ 表检查绝缘电阻（Ω）	对地绝缘电阻	U相对地	
			V相对地	
			W相对地	
		相间绝缘电阻	U–V相间	
			V–W相间	
			W–U相间	
2	用万用表检查各相绕组直流电阻（Ω）	U相		
		V相		
		W相		
3	检查各紧固件松紧情况	端部螺钉		
		地脚螺钉		
		轴承盖螺钉		
		处理情况		
4	检查接地装置	完好情况		
		处理情况		
5	检查启动设备	完好情况		
		处理情况		
6	检查熔断器	完好情况		
		处理情况		
7	检查空载电流	IU=		
		IV=		
		IW=		
		处理意见：		

④ 操作步骤及错误分析，如表 7-15 所示。

（5）阶段五：（评价，如表 7-16 所示）

① 自评：先进行小组讨论，然后各小组选派一个代表汇报其项目成果。

② 小组评：小组内的学生共同对整个拆装、检测、维护工作过程进行评价和经验总结。

③ 教师点评：教师对整个拆装、检测、维护工作过程进行评价和经验总结。

（6）阶段六：（任务迁移）

① 通过熟悉三相异步电动机的拆装，进一步开发单相电动机、直流电动机的拆装过程。

② 对三相异步电动机常见故障处理方法的延伸。

电动机常见故障分析表　　　　　　　　　　　　　表 7-15

序号	故障现象	故障原因	处理方法
1			
2			
……			
6			

评价意见表　　　　　　　　　　　　　表 7-16

序号	项目	评定标准				自我评定	小组评定	教师评定
		优	良	中	差			
1	工作计划的填写是否认真完成	A	B	C	D			
2	汇报小组工作情况（表达能力）	A	B	C	D			
3	工作计划填写的正确性（掌握情况）	A	B	C	D			
4	是否有动手操作能力	A	B	C	D			
5	实训中发现问题能否独立解决	A	B	C	D			
6	施工质量	A	B	C	D			
7	是否主动参与到项目中	A	B	C	D			
8	与小组成员间能否相互协助	A	B	C	D			
9	故障判断及处理能力	A	B	C	D			
10	能否做到文明施工	A	B	C	D			
11	是否具备相关知识的学习能力	A	B	C	D			

参 考 文 献

[1] 龙兴灿 . 给排水与管网工程 . 北京：人民交通出版社，2008.

[2] 雷福元 . 给水排水工程施工技术 . 北京：中国建筑工业出版社，2005.

[3] 李良训 . 给水排水管道工程 . 北京：中国建筑工业出版社，2005.

[4] 郎嘉辉 . 建筑给水排水工程 . 重庆：重庆大学出版社，1997.

[5] 王石军 . 水质净化技术 . 北京：中国建筑工业出版社，2004.

[6] 汤万龙 . 建筑给水排水系统安全 . 北京：机械工业出版社，2008.

[7] 周连起 . 建筑设备工程 . 北京：中国电力出版社，2009.

[8] 张剑平 . 现代教育给水——理论与应用 [M]. 北京：高等教育出版社，2006.

[9] 黄大亮 . 现代教育技术 . 北京：化学工业出版社，2008.

[10] 胡小强 . 现代教育技术 . 北京：北京大学出版社，2007.

[11] 周新源 . 基于工作过程导向的中职机电专业课程开发实务 .PPT 资料 .2007.12.

[12] 筑龙网：http：//www.zhulong.com/sitemap/GP/GP242015.html 2010-03-05

[13] 徐州建筑职业技术学院建筑技术实训基地：http：//jzsxjd.xzcat.edu.cn/s/12/t/26/p/1/c/147/list.htm 2010-03-05.

[14] 上海城市建设工程学校：http：//www.chengxiao.sh.cn/zyjs/zyjs_shixun.asp 2010-03-05.

[15] 上海城市管理学院：www.umcollege.com/jpkc/200902/menu06/ 实训场地、设备等介绍 .doc 2010-03-05.

[16] 中等职业学校市政工程施工与给水与排水专业指导委员会 . 中等职业学校（市政工程专业 / 给水与排水专业）实训大纲 .2009.

[17] 比恩郝斯·W. 技术教育专业实验室研究 . 萨克森：DGTB 出版社 . 萨克森，C：运用新方式进行新学习 . 汉堡 2000.41 ～ 53.

[18] 拉乌讷（Rauner，F）. 新教育理念的构成 . 德亥科瑟 . 启蒙的结束？教育理论的现实意义 . 不来梅 1987.266 ～ 297.

[19] 罗琳琳：民办高职院校实训基地建设与效益评价研究—以上海民办高职院校为例 .2010 届同济大学硕士学位论文，32 ～ 35.

[20] 徐毅茹，邓曼适．多媒体在给水处理教学中的作用．文教资料，2006/03.

[21] 徐朔．论关键能力和行动导向教学——概念发展、理论基础与教学原则．职业技术教育，2006/28.

[22] http：//www.besct.com/SimulationSoftDetail.aspx?SpecID=5&SoftID=22．东方仿真 软件公司．2010-03-05.

[23] 王宏．给水排水工程专业实习实践教学改革研究．中国西部科技，2008/156.

[24] 中国供排水行业分析报告．中经网数据有限公司，2009.2

[25] 上海市水务"十一五"规划．上海市水务局，2007.6

[26] 刘灿生．给水排水工程手册．北京：中国建筑工业出版社，2002.

[27] 上海市中等职业学校市政工程施工专业标准．上海市中等职业教育课程教材改革办公室编．上海：华东师范大学出版社，2008.

[28] Werner Kuhlmeier. Berufliche Fachdidaktiken zwischen Anspruch und Realitaet.Schneider Verlag Hohengehren GmbH，2002.

[29] PROF.DR.WERNER BLOY.Fachdidaktik Bau-，Holz- und Gestaltungstechnik.Verlag Handwerk und Technik，1994.

[30] Juergen Wehling.Scriptum zur Fachdidaktik der Maschinen-und Fertigungstechnik. Verlag Handwerk und Technik，1994.